어쩌다 기후 악당

어쩌다 기후 악당

기후변화를 과학으로 이해하고,
기후정의로 세상을 바꾸는 법

권승문 지음

생각
학교

● 차례 ●

인류의 해피 엔딩을 위한 기후 이야기

여러분은 매일 날씨를 확인하나요? 보통은 부모님이 확인하고 알려주실 겁니다. 그런데 날씨를 왜 확인해야 할까요? 하교 시간에 비가 올 예정인데 등교할 때 우산을 챙겨 가지 않으면 어떻게 될까요? 요즘엔 그냥 비도 아니고 폭우가 내리는 경우가 많은데 말이죠. 그리고 비가 많이 내려 홍수가 나거나 태풍이 오기라도 하면 밖에 나가지 말고 집에 안전하게 있어야 합니다. 요즘엔 여름철 무더위도 참 무섭죠. 폭염경보나 폭염주의보가 내려지면 야외 활동을 할 수 없습니다. 이렇듯 우리는 날씨 변화에 맞춰 일상을 대비합니다.

이제는 날씨 변화가 모여 기후가 변하고 있습니다. 여러분도 학교에서 기후변화 이야기를 많이 들어봤을 거예요. 요즘엔 '기후변화'를 넘어 '기후위기'라고 불릴 정도로 전 지구적인 문제이지요. 지구 온도가 점점 상승하는 '지구온난화'가 아니라, 지구가 펄펄 끓어오르는 '지구 열대화' 시대가 왔다는 이야기도 들립니다. 기후위기는 폭염과 가뭄, 긴 장마와 폭우 등 여러 가지 기상이변의 형태로 나타납니다. 문제는 이러한 이상기후 현상이 우리 삶을 이미 바꾸고 있고, 앞으로는 더 많이 바꿔버릴 수 있다는 점이에요. 저는 이 책을 통해서 우리가 어쩌다 기후 악당이 됐는지 이를 해결할 기후정의는 무엇인지 함께 이야기해 보려고 해요. '기후가 이상해지는 건 알겠는데, 내가 기후 악당이라고?'라는 생각이 들지도 모르겠어요.

우리는 흐드러지게 핀 벚꽃을 보면서 봄이 왔다는 걸 실감하곤 합니다. 그런데 기후변화 때문에 벚꽃이 피는 시기가 점점 빨라지고 있어요. '그렇다면 벚꽃을 빨리 볼 수 있으니 좋은 거 아닌가? 뭐가 문제지?'라고 생각할 수 있어요. 그런데 벚꽃뿐만 아니라 진달래, 개나리꽃 등 봄에 피는 꽃들의 개화 시기가 달라지면 전체적인 생태계에 문제가 생길 수 있어요. 꽃 피는 시기가 바뀌면 꽃을 기반으로 살아가는 곤충에게 문제가 생길 수 있고, 이는 꽃이 열매를 맺고 자라는 주기에도 영향을 끼칠 수 있지요. 만약 열매가 잘 맺히지 못하면 우리가 먹는 과일과 채소 수확량이 줄어드는 거죠. 그러면 과일과 채소 가격이 올라가겠죠? 결국 과일과 채소를 점점 덜 먹다가 나중엔 못 먹게 될 수도 있습니다.

우리는 여름마다 더 강해지는 폭염, 더 길어지는 장마와 폭우 때문에 힘겨운 나날을 보내고 있어요. 그래도 집에 있으면 안전하게 지낼 수 있습니다. 하지만 시원하고 안전한 집에 살지 못하는 사람들은 집을 떠나거나 병에 걸리거나 목숨을 잃기도 합니다. 기후변화로 인한 피해가 처한 상황에 따라 불평등할 수 있다는 의미이지요. 폭염과 가뭄으로 마실 물과 먹을거리가 점점 사라지고 있다는 소식을 듣기도 합니다. 그리고 이미 누군가는 살고 있는 집과 도시, 국가마저도 잃고 있다는 뉴스를 어렵지 않게 접할 수 있습니다. 심지어 기후변화 때문에 분쟁과 전쟁이 일어나고 기후난민이 늘어나고 있다고 해요.

어쩌면 제가 앞으로 여러분과 나눌 이야기가 여러분을 슬프고 우울하게 할지도 모릅니다. 하지만 기후위기의 결과와 해결 방법을 생각하다 보면 우리의 미래가 '슬픈 결말(Sad Ending)'이 아니라 기후위기 세상을 바꾸고 내 삶을 바꿀 수 있다는 '행복한 결말(Happy Ending)'이 될 수도 있습니다. 저는 행복한 결말을 기대하며 함께 이야기하자고 여러분에게 제안합니다. 이제 시작할까요?

1장

절대 밖으로
나오면 안 되는
무서운 여름

지구의 평균기온 변화

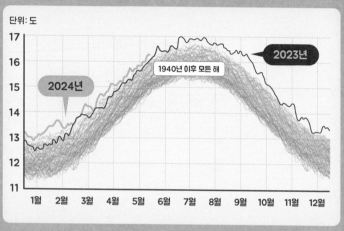

단위: 도

2024년

1940년 이후 모든 해

2023년

1월 2월 3월 4월 5월 6월 7월 8월 9월 10월 11월 12월

출처: Climate Reanalyzer, ECMWF ERAS(2024년)

—— 세계기상기구(WMO)는 지난 12개월(23년 6월~24년 5월) 내내 매월 새로운 지구 평균기온 기록이 세워졌다고 말했어요. 이 기간 지구 평균기온은 산업화 이전 평균보다 1.63도 높은 역대 최고 수준이라고 합니다.

2024년은 특히 봄과 초여름에 기온이 과거 평균보다 높은 것을 볼 수 있는데, 이는 지구온난화의 영향으로 해석될 수 있습니다. 지구온난화는 여름은 더 덥게, 겨울은 덜 춥게 느껴지는 등 계절에 변화를 일으키고 지구의 평균기온도 상승시키죠. 특히 극단적인 기온 변화는 인간의 건강에도 직접적인 영향을 미칠 수 있으며, 더운 날씨는 열사병 같은 건강 문제를 증가시킬 수 있습니다.

Q 올해 여름은 정말 더웠어요. 예전에도 여름이면 밤낮으로 더웠지만 새벽엔 에어컨을 끄고 잤거든요. 그런데 이번엔 에어컨을 24시간 틀었던 것 같아요. 이렇게 더위가 이어지면 가뭄이 발생한다는 건 알겠는데, 폭염이 계속되면 어떤 문제가 있나요?

(우리는 지금 가장 시원한 날을 보내고 있다)

여러분에게 가장 더웠던 여름은 언제였나요? 올해도 에어컨이 없으면 살 수가 없겠다 싶을 만큼 폭염이 계속됐어요. 2023년에 나사(NASA)의 기후 과학자 피터 칼무스는 자신의 SNS에 이런 말을 남깁니다. "우리는 지금 남은 인생에서 가장 시원한 여름을 보내고 있다." 아니, 숨도 못 쉴 만큼 더운

데, 이게 가장 시원하다고요?

2024년 지구의 연평균 기온은 약 15도였습니다. 세계기상기구(WMO)가 2024년이 가장 더운 해였다고 발표했습니다. 이런 의문이 들 거예요. '15도면 살 만한 거 아냐? 별로 높지도 않은데 가장 더웠던 해라고?' 하지만 지구 평균기온이 갖는 의미를 생각해 봐야 합니다. 지구 평균기온은 인류가 관측을 시작한 1880년 이후 세계 평균 표면 온도 변화를 기록한 것으로, 대략 13.5도 정도였습니다.

13.5도와 15도의 차이가 그리 커 보이진 않죠? 봄이 좀 빨리 온 것 같았지만 따뜻해서 괜찮았고, 여름에는 덥더라도 바깥에만 안 나가면 되니까, 뭔가 크게 잘못됐다는 생각은 잘 들지 않아요. 그런데 지구의 평균기온 상승이 주는 의미는 매우 큽니다. 매일 조금씩 더워지면서 지구 전체의 연평균 기온 상승으로 이어지기 때문이죠.

다시 말하자면 우리 인류는 연평균 기온 13.5도에서 안정적으로 살아왔어요. 살기 좋은 환경 속에 우리 신체도 최적화되어 있었지요. 그런데 연평균 기온이 기준값보다 1.5도 이상 따뜻한 기후에서 생활한다면 어떻게 될까요? 사실 13.5도를 넘어서면 인간은 지금껏 경험하지 못한 기온에서 생활하게 된다고 봐야 합니다.

우리의 정상 체온은 36.5도인데 여기서 1도가 오르면 37.5 도가 되죠. 이것도 꽤 힘듭니다. 1.5도가 올랐다고 해볼까요? 그러면 38도, 이런 수준이면 치료가 필요합니다. 지구온난화 도 같은 맥락으로 이해하면 돼요. 지구가 고열로 앓는다는 말 은 심각한 의미를 담고 있어요. 약 1도만 올라가도 빙하가 녹 고 해수면이 상승하고 더위가 심해지는 건데, 이미 우리가 적 응할 수 있는 기온보다 1.5도나 높게 올라간 거죠.

(산책이나 자전거 타기 같은 야외 활동을 할 수 없어)

폭염이 앞으로도 계속된다면, 가장 먼저 뭐가 힘들어질까요? 바깥에서 활동하기가 어려워질 겁니다. 우리가 체육 시간에 하는 피구, 농구, 축구를 폭염 때문에 더 이상 할 수 없을지도 모릅니다. 공부 때문에 골치 아플 때, 잠깐 산책하면 기분이 후련해지잖아요. 그런데 폭염은 사소한 휴식마저 방해합니다. 자전거도 더 이상 탈 수 없을 거예요.

앞서 말했듯 우리가 적응한 기온에서 이미 1.5도 상승한 상 황이기 때문에 사람은 열에 대해 스트레스를 받게 됩니다. 기 상청이 공개한, 열 스트레스에 대한 미래 전망 분석에 따르면,

심각한 열 스트레스 발생 일자가 현재 9일 미만에서 앞으로 90일 이상으로 늘어난다고 합니다. 1년 중 3개월 이상 여름철 무더위 때문에 신체적으로 스트레스를 받을 것이고, 온열질환자의 수가 많이 증가할 거라는 의미죠.

실제로 50도에 육박하는 폭염에 시달리던 이란은 임시 공휴일을 지정했고, 관공서와 회사, 은행이 일제히 문을 닫았습니다. 바깥 기온 50도가 어느 정도의 더위인지 짐작이 안 된다면, 찜질방을 생각해 보면 됩니다. 들어가기만 해도 땀이 줄줄 흐르는 찜질방 가마 속 온도가 50도라고 해요. 여러분은 그 안에서 얼마나 버틸 수 있을까요? 1시간? 10분을 버티기도 쉽지 않을 겁니다. 그런데 찜질방이 아니라 우리가 사는 도시의 온도가 그 정도라면 우리는 바깥에 돌아다니는 일조차 버거울 겁니다.

이란만 이렇게 더웠던 건 아니었습니다. 인도와 멕시코, 필리핀 등도 무더위 때문에 휴교령을 내리거나 등교 시간을 조정했습니다. 그리스는 아크로폴리스 관광을 일시 중단했고, 미국이 유명 하이킹 코스를 폐쇄하기도 했습니다. 폭염을 코로나19만큼 긴급한 위기 상황으로 인식한 것이죠. 안토니우 구테흐스 유엔(UN) 사무총장은 "지구온난화(global warming)의 시대는 끝났다. 이제 지구 열대화(global boiling)의 시대가 시작됐다"라고 말했어요. 그리고 "현재 기후변화는, 공포스러운 상황이지만, 시작에 불과하다"라고 경고했습니다. 말 그대로 지구가 따뜻해지는 것을 넘어서 펄펄 끓었으니까요.

(예측할 수 없는 침묵의 살인자)

소방청은 폭염을 기상재해 중 가장 큰 피해를 주는 재해로 꼽습니다. 기상재해 관측 기록상 폭염으로 인한 사망자가 최근 많이 늘어난 데 반해, 국민들과 정부는 폭염이 위험하다는 인식이 부족하기 때문에 더욱 위험하다고 해요. 태풍이나 집중호우는 인명 피해 외에도 건물을 부수고 산사태를 일으키는 등 시각적 임팩트가 있지만, 폭염은 그런 것이 전혀 없거든요. 그저 극심한 더위로 사람이나 동물에게 온열질환을 일으키죠. 비는 폭우가 아니라면 우산만으로도 제법 피할 수 있지만, 더위는 최악의 폭염이 아니더라도 선풍기 정도로는 전혀 막을 수 없어요. 이것이 여름철 폭염주의보가 전국에 내려졌을 때, 건강에 유의하라는 안전 안내 문자가 자주 발송되는 이유입니다. 낮 시간대 야외 활동을 자제하고, 부득이하게 장시간 외출 시 양산을 사용하며, 물을 섭취하고 충분히 쉬라는 안내 말이에요. 폭염주의보의 위험에 대해 경각심을 일깨우는 문구인 거죠. 기상청의 폭염특보는 2008년에야 처음 도입되었습니다. 심지어 한국보다 여름이 더 습하고 더운 일본에서도 고온주의 정보가 2011년 동일본 대지진 이후에 만들어졌어요. 그 정도로 더위에 대한 위험 인식은 낮은 편입니다.

폭염은 우리의 일상을 가장 먼저 제약하는 기후위기의 징후이지만, 신기하게도 폭풍이나 폭우처럼 피해 상황을 바로 눈으로 확인하기 어렵습니다. 비 때문에 도로가 잠기고, 뭔가 물위로 둥둥 떠다니면 다들 비가 정말 많이 왔다고 생각할 거예요. 그런데 폭염의 위험은 눈에 잘 보이지 않습니다. 또한 동시다발적으로 광범위하게 일어난다는 특징이 있습니다.

폭염은 일사병과 열사병, 실신, 경련, 탈진 등 생명을 위협하는 온열질환을 일으킵니다. 사람의 체온 36.5도를 넘어서는 환경을 우리 몸이 견딜 수 없기 때문이죠. 세계보건기구(WHO)는 폭염을 위험한 자연재해 중 하나로 지정했어요. 얼마나 위험하냐면 '침묵의 살인자'라는 별칭이 붙을 정도래요. 2022년 유럽에서는 오로지 폭염으로만 6만 명 넘게 사망했다고 합니다.

이토록 위험한 폭염에서 우리나라라고 안전하진 않습니다. 특히 2018년 여름은 기상관측 이래 최악의 폭염이었어요. 당시 전국 폭염 일수는 31일이었습니다. 평균적인 폭염 일수가 9.8일이었는데, 2018년에는 31일로 늘어났어요. 사람들이 한 달 내내 폭염으로 고통받았던 거죠. 4500명이 넘는 온열질환자가 발생했고, 48명이 목숨을 잃었습니다. 2024년에도 폭염 일수 30일로, 34명이 사망하고 3700명 넘게 온열질환을 앓았습니다. 다수는 65세 이상 어르신들이셨어요. 많은 어르신이 경제적으로 어렵고, 만성질환을 앓는 경우가 많아 폭염에 가장 취약할 수밖에 없죠. 또한 아파트나 건물을 짓는 건설 현장은 여름이라고 일을 멈추지 않아요. 그러다 보니 건설 노동자 중에도 온열질환자가 많이 발생한다고 해요.

한여름에 우리는 장도 보고 시원하게 있으려고 대형 마트에 가잖아요? 그런데 서늘할 정도로 에어컨 바람이 차가운 그곳에서, 일하던 노동자가 죽기도 했어요. 그 노동자는 온종일 야외에서 일했다고 합니다. 마트 안은 시원했지만, 바깥은 너무 더웠거든요. 또 다른 노동자는 열차에서 냉방기를 고치다가 온열질환으로 사망했습니다. 폭염은 점점 우리의 일상을 위협하고, 이제는 생명까지 위협하고 있습니다. 인간의 생명만 위협하는 게 아니에요. 2024년 멕시코에서는 야생에서 살아가는 원숭이들이 집단 폐사하는 사건이 벌어지기도 했죠. 사건을 조사한 과학자들은 그 원숭이들도 기록적인 더위를 버티지 못해 사망했다고 결론을 내렸어요.

폭염이 우리 몸의 항상성을 깨뜨리는 과정

어린이, 노인, 야외 근로자, 만성질환자 들은 폭염 고위험군이
라 할 수 있어요. 먼저 어린아이들을 생각해 볼까요? 아이들
은 성인보다 땀샘이 덜 발달해 땀 배출이 잘 안돼요. 이 말은
곧 체온조절 능력이 떨어진다는 뜻이죠. 아이들은 활동량이
많은데 물을 잘 안 마셔요. 더울 때 수분 섭취가 얼마나 중요
한지 어른처럼 많이 알지 못하거든요. 그리고 어르신들 역시
땀샘 기능, 체온을 조절하는 혈관 확장 능력 등이 노화로 인해
많이 저하되어 있어요. 그래서 고혈압, 당뇨, 심혈관 질환 등
만성질환을 앓고 있는 어르신들이라면 당장 타격을 입을 수
밖에 없어요.

　좀더 자세히 설명해 보자면 만성질환자들이 폭염에 취약한
이유는 질환별로 차이가 있습니다. 날씨가 너무 덥더라도 인
간의 몸은 항상성이 있으니 정상 체온을 유지하려고 할 거예
요. 그러려면 혈관이 이완되고 수축되는 과정이 무척 활발해
져야 하죠. 고혈압 환자에게는 이 같은 폭넓은 혈압 변동이 큰

부담이 됩니다. 저혈압 환자도 마찬가지고요. 체온을 낮추려고 말초혈관이 확장되면서 혈압이 확 낮아질 때 조심해야 합니다. 현대인들의 질병이라는 당뇨병에 걸린 환자는 더더욱 위험해요. 땀으로 많은 수분이 배출되면 혈당량이 높아지거든요. 심장이나 뇌에 병이 있는 분들도 더위로 인한 혈압 변동 때문에 심장에 과부하가 걸릴 수 있고요. 체온조절중추가 외부의 열 자극을 못 버티고 기능을 상실하면, 다발성 장기 손상 등 합병증이 발생할 수 있고, 치사율도 높죠.

만성질환이 없는 평범한 사람들도 폭염 때 주의해야 합니다. 무더위로 인해 두통, 피로, 어지러움, 메스꺼움, 오한 등의 증상이 나타난다면, 열사병 발생을 경고하는 신호니까 시원한 곳으로 즉시 이동해 열을 식혀야 해요. 만약 주변에 무더위로 쓰러진 사람이 있다면 119에 신고하고, 환자를 시원한 곳으로 옮겨 차가운 물수건으로 몸을 닦는 등 체온을 내릴 수 있는 응급처치를 꼭 해야 해요. 더울 때 갑자기 숨이 찬다면 바로 그늘로 가서 열을 식히고, 물을 마시면서 체온을 내려야 해요. 굉장히 위험한 상황이라는 뜻이니까요.

· · ·

Q 기후위기를 말할 때 항상 폭염을 이야기하는 이유를 이제 이해했어요. 그러면 여름철만 조심하면 되지 않을까요? 여름에는 심각한 위해를 가하지만 봄이나 가을, 겨울에는 폭염 때문에 고생하는 일이 많지 않으니까요.

(가뭄, 어른들의 한숨이 깊어지는 이유)

지구 평균기온 13.5도에 적응해 온 인간, 그런데 이제 15도로 올랐죠. 앞서 언급한 것처럼 사람의 몸으로 생각하면 38도가 된 거예요. 더우니까 에어컨 튼 집에서 안전하게 쉬면, 좋을까요? 어쩌면 우리는 지금 폭염 때문에 집에 갇혀 있는 건 아닐까요?

사람은 못 견디게 더운 날이 이어지는 것만으로도 버티기 힘들다고 했잖아요? 그런데 이 폭염은 혼자 오지 않습니다. 항상 가뭄이라는 친구와 함께 다닙니다. 사람이 불을 피하기 위해 바다로 뛰어들었다가 결국 사망한 사건이 벌어졌어요.

미국 역사상 최악의 산불로 손꼽히는 2023년 하와이 산불이 원인이었죠. 이 산불의 배후에는 계속된 폭염으로 급속하게 악화된 '돌발 가뭄'이 있었습니다. 가뭄과 돌발 가뭄의 차이가 도대체 뭔지 궁금할 거예요.

우리가 '가뭄'이라고 부르는 건 보통 6개월에서 1년에 걸쳐 발생합니다. 우리나라는 여름 초입에 항상 장마철을 맞이하는데, 사실 이때 비가 안 오면 큰 문제가 돼요. 그래서 옛날엔, 비가 안 와서 가뭄이 심해지면 기우제를 지내기도 했답니다. 이처럼 가뭄은 대개 비가 오랫동안 내리지 않으면서 서서히 진행되는데, 돌발 가뭄은 고온과 강풍 등으로 인해 땅이 머금은 수분이 비정상적으로 빠르게 증발하면서 발생합니다. 가뭄이 한 6개월 동안 느리게 땅의 수분을 빼앗는다면, 돌발 가뭄은 가뭄 상태로 진입하는 데 딱 5일 정도가 걸린다고 합니다.

그렇다면 원래 건조한 지역에서 돌발 가뭄을 더 많이 경험할 것 같아요? 그런데 이 가뭄은 습한 곳에서 더 자주 발생한다고 해요. 햇빛이 구름도 없는 상태로 땅에 내리꽂히니까 땅을 더 빠르게 말려버리는 거죠. 나무가 무성한 습지대인 아마존 지역에서 특히 돌발 가뭄의 발생 가능성이 높다고 합니다. 폭염이 마치 흡혈귀처럼 습기를 쪽쪽 빨아먹어서 땅을 다 죽어가는 상태로 만드는 거예요.

다들 쨍하고 맑은 하늘을 좋아할 거예요. 구름 한 점 없이 푸르고 높은 하늘은 보기만 해도 마음이 시원해지죠. 그런데 여름의 맑고 깨끗한 하늘은, 비가 내리지 않는 지역의 농부들에게는 수확량을 감소시키는 큰 위험입니다. 요새 어른들이 물가가 올랐다며 가끔 한숨을 쉬잖아요. 부모님들의 한숨에 담긴 염려는 가뭄을 불러온 폭염 때문일 수 있어요. 미국에서도 폭염 때문에 옥수수와 대두 생산량이 줄어서 곡물 가격이 올랐다고 하죠. '나는 옥수수랑 콩 안 먹으니까 괜찮지 않을까?'라고 생각하는 친구들도 있을 거예요.

하지만 그 곡물을 먹고 안 먹고의 문제가 아니랍니다. 대두나 옥수수 같은 곡물은 유제품, 육류 및 계란을 생산하는 거의 모든 동물의 사료로 이용되며 식용유의 중요한 원료거든요. 다시 말하면 우리가 매일 먹는 식사의 기초라는 거죠. 내 밥상 위에 옥수수랑 콩이 없다 해도 살아가는 데 무리가 없는 것처럼 생각돼요. 그렇지만 우리가 먹는 고기나 달걀프라이를 만들기 위한 식용유 같은 필수 식자재의 가격이 상승하면, 앞서 말한 것처럼 다른 식자재의 가격도 함께 올라갑니다. 폭염은 그냥 더위가 아니에요. 우리가 산책하거나, 친구들과 축구나 농구를 하거나, 자전거를 타면서 얻는 즐거움을 앗아갈 뿐만 아니라, 부모님들의 근심 걱정을 불러오기도 하는 거죠. 가뭄도 불러오고요. 그런데 가뭄은 폭염의 친구이지만, 폭염으로만 발생하는 것은 아니에요. 이 가뭄의 악화엔 우리의 역할도 제법 큰 상황입니다.

(문제는 인간의 욕심)

사실 가뭄은 고대부터 인간이 버티기 힘든 재해였습니다. 혹시 세계 4대 문명 배운 거 기억하나요? 하나, 나일강의 이집트 문명. 둘, 티그리스·유프라테스 강의 메소포타미아 문명. 셋, 인더스강 유역의 인더스 문명. 넷, 황하강 중류의 황하 문명. 이 문명들의 특징은 강을 둘러싸고 이루어졌다는 거죠. 여기서 이집트를 한번 볼게요. 이집트는 비가 거의 오지 않는 사막지대예요. 나일강은 이 사막지대에 물을 공급하고, 상류에서 실어 나른 흙을 침전시켜 사막을 곡물이 잘 자라는 땅으로 만들어줬어요. 그렇지만 자연은 본래 인간의 뜻대로 움직여 주지 않으니, 이곳에도 항상 홍수와 가뭄이 반복됐어요. 그러니까 가뭄은, 현대에 들어 갑자기 발생한 사건이 아니라는 말이죠. 과학 시간에 배운 시베리아기단, 오호츠크해기단 같은 기상 활동에 의해 가뭄이 역사적으로 자주 발생할 때도 많았고요. 문제는 이런 자연적인 원인이 아니라 사람 때문에 가뭄이 발생하는 빈도가 더 높아진다는 거죠.

지구온난화는 땅이 머금고 있는 물기(수증기)를 증발시켜요. 그러면 땅은 더 건조해지죠. 땅이 건조해진 게 문제니까 비가 많이 쏟아지면 다 해결될 것 같지만 아니랍니다. 가뭄이 너무 갑작스럽게 발생하면 물을 머금지 못하는 지각이 생겨요. 그래서 비가 많이 와도 빗물이 땅속으로 흡수되지 못하고, 지표면에서 흘러 홍수가 발생하기도 합니다. 또 숲이 파괴되는 것도 가뭄의 원인이 되죠. 원래 식물과 나무가 대기로 수증기를 방출해요. 이것들이 모여 구름을 만들고 결국 비가 되어 내리죠. 그런데 기업화된 농업은 아예 숲을 밀어버리고 거기에 작물을 심잖아요. 어쨌든 작물도 식물인데 뭐가 문제인가 싶겠지만, 숲과 달리 작물만 심은 땅에서는 물기가 모두 빠져나가 토양이 결국 말라가게 됩니다.

인간이 자연을 이용해 먹고살다 보니 거대한 호수를 말려버린 일도 있었어요. 바로 '아랄해' 이야기예요. 아랄해는 중앙아시아 국가들의 경계와 맞닿은, 바다처럼 넓은 호수였어요. 원래 중앙아시아 자체가 인구수가 적고 바다도 없는 곳이라 무역하기가 어려웠죠. 그렇지만 먹고살아야 하니 목화를 재배하기 시작했어요. 특히 그걸 잘 활용한 곳이 우즈베키스탄이에요. 우즈베키스탄에서는 아랄해로 흘러들어 가는 수자원을 활용하여 목화를 재배하고 목화로 면을 만들었죠. 그래서 세계 6위의 면화 생산국이자 5위의 면화 수출국이라는 산업 기반을 만들어내는 데 성공했어요.

목화로 만드는 면직물은 예나 지금이나 인기가 높아요. 그런데 목화를 대규모로 재배할 때 물이 어마어마하게 사용되는 것을 알고 있나요? 면 1킬로그램을 생산하는 데 욕조 40개를 채울 만큼 많은 양의 물이 필요하다고 해요. 이는 사람 한 명이 7년 동안 마시는 물의 양과 맞먹는다고 하지요. 현재 아랄해 지역은 물이 마르고 소금과 먼지만 쌓여 마치 사막처럼 변했어요. 바람이 부는 날이면 소금과 먼지가 휘날려 그곳 주민에게 고통을 안기고, 건강까지 위협하고 있다고 해요. 매우 심각한 상황이지요.

(더위는 아이들도 일하게 한다)

2024년 6월이었어요. 파키스탄 정부는 폭염에 대해 전국적인 경고를 발령했죠. 파키스탄 사람들에게 폭염이 온다는 건, 좀 더우니 에어컨을 켜고 버티자 정도의 이야기가 아니에요.

이미 파키스탄은 2022년부터 폭염으로 인한 가뭄과 극심한 홍수 때문에 평범한 사람들이 감당할 수 없을 만큼 식량 가격이 치솟았어요. 열심히 일해도 한 가족이 먹고사는 것이 거의 불가능할 정도였지요. 기후위기의 주범으로 꼽히는 온실가스 배출량을 놓고 봤을 때, 파키스탄은 전 세계 배출량에서 단 1퍼센트도 책임이 없어요. 그런데 그 영향은 정말 치명적입니다. 날이 더워 일할 수 없고, 땅이 황폐해지니 한 가족이 여름에 벌어들이는 수입은 더 적어집니다. 그래서 어떤 일이 발생했을까요? 부모님만 일해선 안되니까 아동까지 노동에 동원됐어요. 더 충격적인 건 어린아이를 결혼시켜 다른 집에 보내고 그 대가로 돈을 받는 극단적인 생존 방법이 등장했다고 해요. 학교에서 공부하고 뛰어놀아야 할 아이들이, 생존을 위해 다른 나라 아이들은 상상도 할 수 없는 위기에 내몰렸다고 볼 수 있죠. 특히 파키스탄은 폭염 때문에 코로나19 때보다 더 공부하기 어려운 상황이라고 해요.

세계 기상학자들은 우리가 만난 폭염이 모두 '인간이 만든 것'이라고 입을 모읍니다. 기후 변화가 없었다면 미국과 멕시코, 남유럽의 폭염은 발생할 확률이 '0퍼센트'에 가까웠고, 중국에서 발생한 폭염은 250년에 한 번 정도 일어날 만한 이변이었다는 겁니다.

우리를 지치게 만드는 폭염이, 이제 기후위기로 인해 미국·멕시코에서는 15년에 한 번, 남유럽에서는 10년에 한 번, 중국에서는 5년에 한 번꼴로 발생할 수 있다고 합니다. 만약 이런 기후위기가 없었다면? 미국·멕시코는 최대 950년에 한 번, 남유럽은 4400년에 한 번 정도 폭염을 경험했을 거라고 하네요. 다시 말해서 인간의 잘못이 아니었다면 이런 상황은 거의 일어날 수 없었다는 거죠. 인간의 몸으로 치면 38도가 된 지구. 여기서 기온이 더 오른다면, 이런 폭염이 발생할 확률이 두 배 이상 올라 2년에서 5년에 한 번꼴로 뜨거워진 지구를 경험해야 한다고 합니다.

도시에서는 열섬 현상(Urban heat island)도 문제입니다. 도시에는 보통 녹지 공간이 적고 큰 건물(콘크리트)과 도로(아스팔트)가 많지요. 이런 도시지역은 녹지가 많은 주변 지역보다 온도가 더 높습니다. 큰 건물들이 공기의 흐름을 막고 도시가 아스팔트 도로에 둘러싸여 있기 때문입니다. 기상청이 2023년 8월에 조사한 결과, 햇볕이 내리쬘 때 콘크리트나 보도블록으로 된 장소의 지면 온도는 최고 45~55도까지 치솟았다고 합니다. 이런 상태가 지속된다면 우리의 신발 모양과 소재까지 달라져야 하지 않을까요? 뜨거운 바닥을 걸을 때마다 신발 밑창이 녹을 테니까요.

열돔 현상,
여름에 덮는 뜨거운 이불

기상학자들은 지구의 북반구를 뒤덮은 폭염의 원인으로 열돔 현상(Heat dome)을 꼽고 있습니다. 열돔 현상은 뜨거운 공기가 거대한 돔처럼 한 지역에 오래 머무르는 상황을 말합니다. 자연 상태에서는 찬 공기와 따뜻한 공기가 만나면 열교환이 이뤄지며 공기 흐름이 빨라지고 순환됩니다.

특정 지역의 기온이 올라가면 상승기류가 발생하면서 저기압이 생기고, 발달한 저기압은 주변 고기압과 상호작용을 하면서 이리저리 움직이기 마련입니다. 저기압과 고기압의 상호작용 때문에 같은 계절이라도 기온이 주기적으로 바뀝니다. 봄인데도 추운 날이 있고, 갑자기 따뜻한 날도 있는 것처럼요.

고위도와 저위도의 기온 차이가 줄어들면 어떻게 될까요? 당연히 공기 순환이 덜 이뤄지고, 공기 흐름도 느

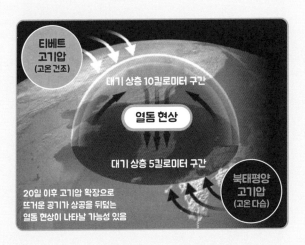

티베트
고기압
(고온 건조)

대기 상층 10킬로미터 구간

열돔 현상

대기 상층 5킬로미터 구간

북태평양
고기압
(고온 다습)

20일 이후 고기압 확장으로
뜨거운 공기가 상공을 뒤덮는
열돔 현상이 나타날 가능성 있음

려지겠죠? 공기 흐름이 느려진 상황에서 몇 주 동안 맑은 날이 계속되면 밤이 되어도 공기가 식지 않습니다. 그래서 우리는 여름마다 열대야를 경험하는 거죠. 물론 열돔 현상이 일어난 것이 기후위기 때문만은 아니에요. 원래 열돔 현상은 기후위기 이전에도 있었어요. 그렇지만 기후위기 상황에서는 열돔 현상이 한번 일어나면 쉽게 풀리지 않는다는 게 문제입니다.

발달한 고기압이 어느 지역을 지나가다가 움직임을 멈춥니다. 이때 고기압의 중심부 기온이 갑자기 올라가 버리면, 뜨거운 공기는 외곽 지역으로 쏟아져 내리고, 외곽 지역의 덜 뜨거운 공기는 중심부로 흘러들어오는 자체적인 대류 사이클이 만들어집니다. 이렇게 국지적인 고기압-저기압 사이클이 완성되어 버리면, 이 지역의 공기는 해당 지역 외부의 기압들과 상호작용(대표적으로 바람) 없이도 안정적인 상태를 이루게 되고, 이렇게 안정화된 공기 덩어리가 해당 지역에 눌러 앉아버리면, 중심부의 더운 날씨가 끝도 없이 이어지는 불볕더위가 발생하게 되는 거죠.

설상가상으로 뜨거운 공기가 한곳에 머물러 생성된 열기가 주변의 냉기를 차단하면서 열돔이 매우 크게 된다면 웬만한 태풍으로는 뚫을 수도 없게 됩니다. 실제로 2018년 한반도 폭염의 경우는, 열돔이 너무 강력한 탓에 태풍 세 개(마리아, 암필, 종다리)의 경로를 바꿔버렸고, 하나(리피)는 아예 소멸시킨 바 있습니다. 그러면 더 강한 냉기가 오면 되지 않을까 생각할 수 있어요. 그런데 열돔을 파괴할 만큼의 냉기를 몰고 오는 태풍이라면 아예 국가적 재난을 걱정해야 할 수준일 겁니다. 결국 열돔이 자연 소멸하는 것 말고는 어떤 방법도 없으며 인간이 할 수 있는 게 없다는 거죠.

숲 복원,
나무만큼 소중한 사람들

마우숲은 동아프리카의 주요 강인 마라강, 소토크강, 나이로비강 등의 발원지입니다.

특히 마라강은 세렝게티 국립공원과 마사이 마라 보호구역이 포함된 지역에 물을 공급하며, 케냐와 탄자니아의 농업, 목축업, 관광산업을 유지하는 데 핵심적인 역할을 하는 곳이죠. 마우숲은 수백만 톤의 이산화탄소를 흡수하며, 지역은 물론 지구 전체의 기후를 조절하는 데 기여합니다. 그리고 이런 큰 숲은 대기를 정화하고, 비가 내리도록 수증기를 방출해 지역의 농업 생산성을 유지합니다.

1990년대부터 마우숲은 산림 벌채, 농경지 개발, 불법 정착으로 인해 심각하게 파괴되기 시작했습니다. 2008년부터 케냐 정부는 숲을 복원하기 위해 대규모 숲 복원 프로젝트를 시작했는데, 이 프로젝트는 숲의 생태계를 복원하고 기후변화에 대응하려는 국제적 노력과 연계되어 있었습니다.

훼손된 숲을 되살려 동아프리카의 환경오염을 개선하겠다는 취지는 좋았습니다. 하지만 이 마우숲 복원 프로젝트는 지역 원주민과 정착민에게 심각한 피해를 주었습니다. 케냐 정부는 숲을 복원하기 위해 1만 5000명이 넘는 주민을 강제로 퇴거시켰습니다. 이들 대부분은 오기엑(Ogiek)이라는 원주민 공동체로 야생동물 사냥과 열매 채집을 통해 생계를 유지해 온 사람들입니다. 케냐 정부는 농업과 숲에서 나오는 삼림 자원에 의존하는 오기엑 원주민들에게 대체 생계 수단이나 재정착 프로그램을 제공하지 않았습니다. 이들은 아무런 준비도 없이 도시로 나와야 했습니다.

국제 인권 단체들은 마우숲 프로젝트가 주민들의 권리를 무시하고 강압적으로 시행되었다고 비판했습니다. 숲 복원을 이유로 원주민들이 쫓겨나면서, 소수의 이익만을 위한 환경보호가 아니냐는 논란도 일었습니다. 그렇다고 케냐 정부의 숲 복원 사업이 성공적인 것도 아니었습니다. 불법 벌목이 여전히 지속되고 있어 환경보호 효과가 제한적이라는 지적이 있습니다.

마우숲 프로젝트는 환경보호와 지역사회의 권리가 충돌한 대표적 사례입니다. 환경보호가 중요하다는 점은 분명하지만, 이를 이유로 원주민과 가난한 사람들이 고통받는 것은 기후정의의 원칙에 어긋납니다.

숲을 복원하려면 지역사회의 협력과 참여가 필요하며, 대체 생계 지원과 재정착 프로그램이 필수적입니다. 예를 들어, 주민들에게 나무를 심고 관리하는 일에 참여할 기회를 주거나, 이들에게 필요한 농업 방식을 도입하도록 지원할 수 있습니다.

케냐 정부는 국제적 비판을 받으면서도 마우숲 복원을 계속 진행 중입니다. 이 사례는 환경보호와 인권이 분리될 수 없음을 보여줍니다. 지속 가능한 환경 정책은 단순히 자연을 지키는 것을 넘어, 사람들의 삶과 공존할 수 있는 해결책을 제시하는 것이 중요하다는 걸 알려줍니다.

2장

가뭄이 산불을 일으키고
물이 없어서
산불을 끌 수 없대

한국의 산불 발생 현황

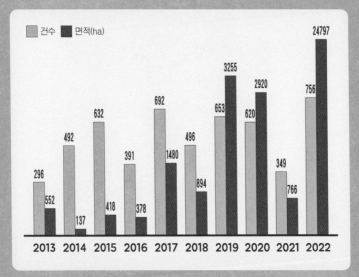

자료: 산림청(2023년)

—— 2013년부터 2022년까지 산불은 점점 증가하고 있어요. 가뭄은 숲을 이루던 풍성한 풀과 나무가 마르게 하여 이것들을 장작으로 만듭니다. 실제로 기상자료개방포털에 따르면 2022년 2월 강릉, 동해, 삼척, 울진의 평균 강수량은 약 6.3밀리미터, 10년 전인 2012년 같은 달 강수량이 51.8밀리미터인 것과 비교하면 턱없이 적죠. 국립산림과학원에 따르면 평균 산림 기온이 1.5도 증가하면 산불 기상지수는 8.6퍼센트가 상승하고, 2도 증가하면 13.5퍼센트가 상승한다고 합니다. 불에서 시작된 인간의 문명, 불 때문에 사그라들기 전에 무엇을 할 수 있을지 찾아보죠.

Q 2023년은 산불 피해가 유독 심했어요. 티브이를 켜면 뉴스에서는 항상 불길이 잡히지 않는다는 이야기가 이어졌죠. 과거에는 산에 일부러 불을 내서 밭으로 가꾼 사람들도 있었다는데, 정말 산불 때문에 우리의 일상이 위협받을 수도 있나요?

(원래 산불은 나쁘지 않아)

2023년에는 산불 사건이 많았어요. 한국뿐만이 아니라 해외 곳곳에서 그것 때문에 몸살을 앓았지요. 산에 불이 나면 가장 먼저 뭐가 탈까요? 나무들이 타면서 숲이 광범위하게 파괴됩니다. 특히 나무의 종류가 다양하지 않은 냉대림에서는, 산불이 자주 일어나면 숲이 사라지고 황무지로 변할 수도 있습니다. 이건 우리나라도 똑같습니다. 한국에서는 소나무를 무척 많이 볼 수 있어요. 그런데 소나무는 불에 아주 취약하죠. 불에 노출되면 그냥 다 타버려요. 특히 소나무가 타면서 송진이나 재가 땅에 섞이면, 일반 토양보다도 물에 쉽게 휩쓸립니다. 이 때문에 장마가 정기적으로 찾아오는 한국의 경우 산불이 잘못 나면 산사태에도 취약해집니다. 아마존 같은 열대우림에서는 더 치명적이지요. 토양이 척박한 열대우림이 산불로 파괴되면, 황량한 덤불이 되거나 심하면 흙이 비바람에 쓸려가면서 사막화 현상을 일으키기 때문이에요.

무엇보다 산불은 진압이 힘들어요. 동네에서 불이 나면 바로 소방관 아저씨들이 물탱크에 연결된 호스로 물을 뿜어내며 불을 끄지만, 산은 다르거든요. 우선 식물과 나무는 불붙기 쉽고, 또 삽시간에 퍼져나가요. 화재 면적을 따져보면 집 한두 채 정도로 끝나지 않지요. 산악이라는 지형 특성상 소방차 진입이 불가능하기 때문에 소방관들이 활동하기도 어렵습니다. 소방헬리콥터를 띄우면 되지 않느냐고 묻고 싶겠지만, 이마저도 휴대할 수 있는 물의 양이 제한되어 있어요. 연료가 고갈되기 전에 돌아와야 하고요. 헬리콥터 조종사가 제대로 보기 힘든 야간과 기상 상태가 나쁜 날에는 비행조차도 불가능하답니다.

하지만 산불이 우리에게 도움을 주기도 합니다. 예를 들어

호주는 산불이 무척 자주 발생하는데도 소방관들이 소방 헬리콥터를 띄워 적극적으로 불길을 진압하지 않아요. 왜냐하면 그곳의 숲은 나무로 빽빽이 들어찬 숲속이 아니라 덤불이 우거진 숲에 가깝거든요. 그래서 이곳의 식물들은 산불이 나야 번식할 수 있어요. 광합성을 방해하는 덤불이 사라지고, 불에 특화된 식물들이 자기 씨를 퍼뜨리는 겁니다. 그래서 거긴 수시로 산불을 놓기도 해요. 남아프리카공화국에도 산불에 잘 적응한 식물들이 있습니다. 특히 건조기후에 강한 다육 식물이 숲을 침범하지 못하게 하는 데 산불의 영향은 필수적이죠. 이 지역은 너무 척박해서 산불이 나도 규모가 매우 작은 편입니다. 오히려 산불이 번지지 못하면 특정 식물들만 자라게 되어 생태계에 더 문제가 되고요.

(캐나다 산불이 만든 연기, 1000킬로미터를 건너 뉴욕으로)

2023년, 뉴욕의 공립학교들이 방과 후 활동을 포함해 모든 야외 활동을 제한한다고 발표했습니다. 공기 질이 너무 좋지 않아 학생들이 외부 공기에 노출되지 않는 것이 좋겠다고 판단했기 때문이었죠. 무슨 대기오염 때문에 야외 활동까지 못 하게 하는지 이해가 잘 안될 거예요.

전 세계적으로 공기 질이 가장 나쁜 곳은 인도 뉴델리와 아랍에미리트의 두바이라고 합니다. 특히 뉴델리의 공기 질은 최악이라 그곳의 사람들은 거의 독가스를 흡입하는 수준에서 살고 있다는 말도 있습니다. 그런데 2023년 6월 초의 뉴욕 공기 질은 이런 뉴델리보다 더 나빴어요. 보통 어느 곳이든 공기 질 지수가 300이 넘으면 '위험' 수준으로 봅니다. 천식 환자나 심혈관 질환자, 임산부, 노인에게 각별한 주의가 필요하지요. 평소 공기질 지수(Air Quality Index, AQI) 50 미만의 공기를 누리던 뉴욕 시민들은 그날 오렌지색으로 변한 하늘을 보며 마치 화성에 있는 것 같다고 표현했어요. 참고로 그날 뉴욕에서는 아무 일도 일어나지 않았어요. 나빠진 공기는 당시 캐나다에 갑자기 발생한 산불 때문이었죠. 그 연기가 북서풍을 타고 국경을 넘어 뉴욕을 비롯한 미 동북부 하늘을 덮으면서 문제가 된 거예요. 우리 집에선 아무 일도 일어나지 않았는데, 저 먼 지역의 산불이 우리의 손과 발을 묶어버린 겁니다.

학생들만 학교에 못 간 게 아니었어요. 뉴욕시는 주민들에게 외부 활동을 자제하라고 권고했지요. 뉴욕시의 미세먼지(PM 2.5) 농도가 세계보건기구(WHO)가 정한 대기오염 가이드라인의 15배를 넘을 만큼 안 좋았거든요. 미세먼지는 폐 안

대기질 수치 기준

AQI	관련 건강 영향
양호 (0~50)	최소한의 영향
만족 (51~100)	민감한 사람들에게 사소한 호흡기 불편함을 줄 수 있다
중간 오염 (101~200)	천식 등 폐 질환이 있는 사람들에게 호흡의 불편함을 줄 수 있으며, 심장 질환자, 어린이, 노인 들에게 불편함을 줄 수 있다
나쁨 (201~300)	장기간 노출 시 사람들에게 호흡의 불편함을 줄 수 있으며, 심장 질환자의 증상이 악화될 수 있다
매우 나쁨 (301~400)	장기간 노출 시 사람들에게 호흡기 질환을 일으킬 수 있다
심각 (401~500)	건강한 사람들에게조차 호흡기적 영향을 줄 수 있으며, 허파/심장 질환이 있는 사람들에게 심각한 건강적 영향을 줄 수 있다

에 침입해 천식, 기관지염 등을 일으키고 건강에 직접적으로 문제를 일으키는 원인이라는 거 잘 알고 있지요? 게다가 앞을 볼 수 없을 만큼 연기가 심해서 비행기도 이착륙이 금지됐습니다. 공항이 마비됐고, 사람들은 그곳에 발이 묶였어요. 분명 시작은 사소한 불씨였을 텐데, 어느새 많은 사람의 행동까지 꼼짝 못 하게 만든 거예요.

(대형 산불의 탄소 배출량은
한 나라의 6개월치 탄소 배출량)

산불은 진압이 어렵고 공기 질이 나빠지는 것도 문제지만, 산불이 만들어내는 탄소 배출량이 더 큰 문제입니다. 지구 열대화의 속도를 늦출 수 있는 가장 중요한 요인은 바로 탄소 배출량 축소거든요. 2021년 7월에 남유럽, 러시아, 남미, 미국, 캐나다 등지에서 대형 산불이 발생했어요. 그때 발생한 탄소 배출량이 3억 4000만 톤이 넘는답니다. 이건 한국 사람 전체가 6개월 동안 내뿜는 탄소 배출량과 맞먹는 양이에요. 생각해 보세요. 불이 나서 탄소를 흡수해 주던 나무가 사라졌어요. 나무가 사라지니까 탄소를 더 많이 배출하게 되죠. 또 탄소가 많이 배출되면 이상고온현상이 일어나서 산불은 더 많이 발생해요. 이 사건 때문에 다시 엄청난 양의 탄소를 배출하는 악순환에 빠지는 겁니다.

잘 이해가 안 된다면 이렇게 생각해 봐요. 캐나다 북부의 냉대림은 약 2000억 톤 이상의 탄소를 흡수하고 있어요. 이건 전 세계 온실가스 배출량의 5~6년 분에 해당하는 규모입니다. 우리가 몇십 년간 배출한 탄소를 숲이 흡수해 주었기에 그나마 살 수 있었다는 의미입니다. 하지만 작은 불씨 때문에 산불이 나면 탄소를 흡수하던 숲의 기능이 순식간에 사라지고 맙니다.

• • •

Q 예전에는 산불이 오래 지속되지 않았던 것 같아요. 비가 오면 불이 꺼지잖아요. 그런데 최근의 산불은 한 번일어나면 3주에서 한 달 이상 지속되더라고요. 도대체 무엇 때문일까요?

(**산불을 일으키는**
진짜 범인을 찾아라)

2022년 3월, 장장 213시간 43분간 불타 역대 최장기 산불로 기록된 경북 울진과 강원 삼척 산불. 이 사건은 한국 대부분 지역이 '극심한 가뭄'으로 분류된 상태였을 때 발생했습니다. 산불 현장 인근에 있는 울진 기상관측소의 기상 데이터에 따르면, 3월 4일 화재 발생 전 마지막 강수량은 4.2밀리미터로 19일 전인 2월 13일에 관측된 것이었어요. 그 이전 강수량 관측일은 1월 24일이었죠. 즉, 비가 단 한 방울도 내리지 않아한 달 이상 땅은 메말랐고, 습도가 낮아져 초목이 아주 바짝 말라버렸을 때 불이 났어요. 이러면 초목은 산불을 키우는 최적의 연료가 되는 겁니다. 당시 열흘 동안 이어지던 산불은 소방관들의 치열한 노력 덕분에 진압됐어요. 동시에 그때 비가 내리면서 끝났고요. 불이 일정 규모로 커지면 사람의 노력보다 날씨가 더 중요해집니다.

땅에 수분이 많으면 산불이 덜 발생해요. 뭔가 타려고 하다가도 축축하게 젖어 있으니 어쩔 수 없는 거죠. 기온이 높고 비가 안 오는 날이 이어지면 토양 수분도는 낮아지고 가뭄이 악화돼요. 이런 현상이 현재 전국에서 산불이 발생하는 원인으로 지목되고 있습니다.

(20명 중에서 물을 못 마시는 친구가 16명이래)

지구상에는 비가 많이 내리는 지역이 있는가 하면, 거의 내리지 않는 지역도 있어요. 지금은 지구가 더 뜨거워지고 건조한 지역에 비가 더 적게 내리면서 더더욱 불에 취약해진 상황이지요. 이미 아프리카에서는 몇 년씩 가뭄이 계속돼 마실 물과 농업용수가 부족합니다. 물을 길어 오려고 아이들이 아주 먼

길을 오고 가곤 하죠. 기후만의 문제는 아닙니다. 전 세계적으로 인구가 증가하고, 공업화에 따라 수질이 오염되고, 지하수를 난개발하는 다양한 문제 때문에 마실 물이 더더욱 부족해졌습니다.

가뭄이 심각해지는 이유는 지구 기온이 상승했기 때문이에요. 기후변화로 인한 이상고온현상에 비까지 적게 내리면서 동아프리카에 가뭄이 발생할 확률이 100배 이상 높아졌다고 해요. 더 높아진 기온 탓에 토양과 식물에서 수분이 더욱 증발해 가뭄이 더 자주 발생하는 거지요. 가뭄으로 물이 부족해지면 마실 물도 없고, 농사를 지을 수 없으니 먹을 음식도 없게 됩니다. 다시 악순환에 빠지는 거예요.

중남미 지역도 가뭄으로 어려움을 겪고 있습니다. 국가비상사태를 선언한 우루과이뿐만 아니라 아르헨티나 북부 지역에도 평년보다 비가 적게 내리면서 물이 부족해 농작물 수확량이 크게 줄었어요. 미국 서부 지역도 물 부족 현상이 심각하다고 해요. 신기하게도 물이 부족해 힘든 나라들은 산불 발생도 빈번하죠.

물 부족은 일부 국가만의 문제가 아닙니다. 전 세계 인구의 절반인 약 40억 명이 1년에 최소 한 달 이상 마실 물이 부족한 상황이에요. 또 25개 국가가 현재 극심한 물 부족 상태인데, 여기에는 전 세계 인구의 4분의 1이 살고 있습니다. 특히 북아프리카와 중동에서는 대략 열 명 중 여덟 명, 남아시아에서는 열 명 중 일곱 명이 물 부족을 겪고 있어요. 교실로 생각해 보면 한 반에 20명이 있다고 했을 때, 물을 못 마시는 친구가 대략 16명이나 되는 거죠. 지금 청소년들이 어른이 되는 2050년쯤이면 전 세계 인구의 열 명 중 여섯 명이 물이 부족한 상황에 처한다고 합니다. 중동과 아프리카에서는 인구 대부분이 극심한 물 부족을 겪게 되고요.

물이 부족한 것도 문제지만 깨끗한 물이 부족한 것도 큰 문제입니다. 깨끗한 물이 부족해 콜레라와 장티푸스 같은 질병이 늘어났고, 식수가 부족해 집을 떠나 이주하는 일도 많아졌거든요. 5년 후인 2030년에는 가뭄 때문에 전 세계 7억 명이 강제로 이주하게 될 수도 있다고 합니다. 기후변화와 산업 활동이 지금처럼 계속된다면 2100년이 됐을 때는 전 세계에서 최대 55억 명이 물 부족을 지나 오염된 물을 마실 수밖에 없다고 해요.

가뭄이 심해지면 더울 때
에어컨도 못 켜

물이 없으면 더운 여름에 에어컨을 켤 수 없습니다. 무슨 소린 가 싶지요? 물로 전기를 만들어내는 수력발전 댐에 가뭄으로 물이 말라버렸다고 합시다. 그러면 전기를 만들 수 없고 공장 도 돌아갈 수 없어요. 실제로 2022년 중국 쓰촨성은 폭염과 가뭄으로 댐이 말라 수력발전소에서 전기를 생산하기 어렵게 되었어요. 에어컨은 물론, '세계의 공장' 역할을 하던 중국은 그때 공장 가동도 중단했지요.

2022년에는 중국뿐만 아니라 이탈리아와 스페인에서도 수 력 발전량이 크게 줄었고, 프랑스에서는 56개 원자력발전소 중 절반을 가동하지 못했어요. 원자력발전소의 핵연료는 계 속 열을 내기 때문에 물로 식혀야 하거든요. 그런데 가뭄과 수 온 상승으로 냉각수를 공급하기가 어려워진 겁니다. 독일에 서는 가뭄으로 라인강 수위가 평균 이하로 낮아지면서 배를 운항할 수가 없게 됐고요. 문제는 라인강 인근에 있는 석유화 학제품들을 운송하려면 배가 필요한데, 그럴 수 없게 된 거예 요. 물류 운송에 큰 차질이 생겼죠.

미국 텍사스주에는 삼성전자 반도체 공장이 있습니다. 그런데 2023년에 텍사스주도 기후변화로 인한 가뭄에 시달렸고, 일부 지역에서는 '물 사용 자제' 권고까지 내려졌습니다. 왜냐하면 반도체는 물을 많이 사용하는 대표적인 산업이거든요. 생산 과정에서 화학약품을 씻어내는 등 상당한 양의 물이 필요해요. 삼성전자는 텍사스주 오스틴 지역에서 물을 가장 많이 사용하는 기업으로 이름을 올렸죠.

한국에서도 반도체 공장 주변의 공업용수를 확보하고 재사용하는 데 어려움을 겪고 있어요. 우리나라에서도 기후변화로 인한 가뭄으로 반도체 공장이 멈추는 일이 생길지도 모르죠. 그전에 우리부터 전기 사용이 금지될 수도 있고, 이 엄청난 더위를 부채 하나로 버텨야 할 수도 있어요.

(모든 생명에게는 물이 필요해)

사람은 물 없이는 살 수 없어요. 인간이 살아가려면 마실 수 있는 깨끗한 물이 있어야 하고, 물이 있어야 먹을거리를 생산할 수가 있지요. 그런데 지구 온도가 뜨거워지면서 가뭄이 점점 더 심해지고 있습니다. 가뭄이 심해지면 물이 더욱 부족해지겠죠. 깨끗한 물을 먹지 못하면 각종 질병에 걸리기 쉽고 물이 부족해지면 농사를 짓기가 어려워 식량도 줄어들어요. 가뭄으로 인한 식량 부족은 설사, 홍역, 말라리아와 같은 질병을 일으키고, 심하면 이 때문에 사망에까지 이르게 돼요. 여러 기후재난보다 물 부족으로 죽는 사망자 수가 훨씬 많답니다.

아프리카의 어린이들은 깨끗한 물을 먹지 못하고 음식을 먹을 수 없어서 영양실조에 걸리고 전염병에 시달립니다. 생명을 잃기도 하고 집을 떠나 난민이 되기도 하지요. 물이 상대적으로 풍족한 한국은 아직 이런 어려움은 겪고 있지 않습니다. 하지만 불과 몇 년 후에는 우리나라도 물이 부족한 나라가 될 것이라는 전망에 귀를 기울일 필요가 있어요.

오랜 가뭄을 해소할 단비가 내리면 좋겠지요. 문제는 요즘엔 비도 적당히 오지를 않는다는 거예요. 가뭄에는 물이 빠르게 증발하고, 수증기로 바뀐 물은 폭우로 쏟아집니다. 극단적인 가뭄과 폭우라는 기상이변이 일상이 된 지금, 생명을 위해 꼭 필요한 물에 대해 깊이 고민해야 하지 않을까요?

화재 적란운,
비는 없고 번개만 있네

산불이 더 커지는 이유는 '화재 적란운(火災 積亂雲)' 때문입니다. 처음 보는 단어일 텐데, 그건 당연해요. 비교적 최근에, 산불 사건 때문에 명명된 이름이거든요. 화재만이 아니라 화산활동으로 뜨거워진 공기가 상승해 생기는 탑 모양의 구름을 말해요. 이 구름의 수증기와 분진이 뭉치면서 번개와 강풍을 일으키고 화재를 키우곤 합니다. 한 번 불이 나면 대규모로 넓게 번지기 쉬운 미국, 호주 등 평야가 많은 곳에서 드물게 나타나지만, 규모가 크면 번개를 동반하거나 토네이도를 일으키고, 항공기 추락 사고를 유발하기도 해요. 기후위기로 인한 산불 때문에 항공기 추락 사고가 발생한다면 사망자가 기하급수적으로 늘어나겠죠? 비행기가 떨어지면서 더 큰 화재를 유발할 수도 있어요. 화재 적란운은 단순히 화재 지역의 수분 증발로만 만들어지는 것이 아

2 연기의 냉각,
산불 적란운 형성

3 천둥 번개 발생

1 화재 연기 상승

4 번개로 새로운
산불 발생

화염
토네이도

니라, 탄화수소의 연소 반응에서 발생한 수분 등이 더
해진 거예요. 구름이니까 비를 몰고 올 거라고 생각할
수 있지만, 비는 전혀 쏟지 않고 번개만 치는 구름도 있
어요.

산불에 느긋한 호주에서도 2019년과 2020년에는 산
불 진압 때문에 굉장히 힘들었는데, 바로 이 화재 적란
운 때문이었죠. 비는 없는데 번개만 치니까 이 구름이
사실 또 다른 산불을 일으키거든요. 이렇게 발생해 확
대된 호주의 대형 산불은 우리나라 면적의 2.4배 이상
을 태웠어요. 33명이 산불 때문에 사망했고, 450여 명
이 연기 흡입의 영향으로 목숨을 잃었습니다. 동물들
은 약 10억 마리가 사망했고, 일부 멸종 위기 동물은 멸
종 위험에 처하게 되었지요. 이뿐만이 아니었어요. 호

주 산불에서 발생한 연기 기둥을 화재 적란운이 고도 15킬로미터 상공의 성층권 하부까지 운반하면서 오존층을 파괴했다는 연구 결과도 발표됐으니까요. 오존층은 태양에서 대기 안으로 들어오는 자외선을 흡수해 피부암·백내장 등 위험으로부터 지구의 생명체를 보호하는 중요한 역할을 합니다.

탄소 배출,
더 큰 책임이 필요한 시간

산업혁명 이후 주요 선진국들은 화석연료를 사용하면서 큰 발전을 이뤘습니다. 산업혁명 이후 현재까지 미국과 중국, 유럽 등 20개 국가가 전 세계 탄소 배출량의 80퍼센트를 내뿜으면서, 대기 중 이산화탄소 농도를 증가시키고 기후를 빠르게 변화시키고 있습니다. 한국도 이 20개 국가 가운데 17번째로 탄소 배출량이 많은 나라입니다.

탄소 배출량의 책임만 따진다면 선진국들이 더 큰 피해를 겪어야 하겠지만, 현실은 그렇지 않습니다. 기후변화로 인한 피해는 오히려 방글라데시와 같은 최빈국(최저 개발국)에서 훨씬 더 심각하게 나타나고 있습니다. 방글라데시를 포함한 46개 최빈국의 탄소 배출량은 전 세계 탄소 배출량의 0.4퍼센트에 불과해 기후변화에 책임이 없다고 해도 과언이 아닌데 말이죠.

방글라데시는 현재 기후위기에 가장 취약한 나라에 속합니다. 먼저 이곳은 저지대 국가입니다. 전체 국토의 약 70퍼센트가 해발고도 1미터 이하이기 때문에 해수면 상승에 큰 영향을 받습니다. 방글라데시 해수면은 매년 1센티미터 이상 상승하면서 지난 25년 동안 26센티미터나 상승했고, 2050년까지 50센티미터 상승하면 국토의 약 11퍼센트를 잃게 됩니다. 이렇게 되면 최대 1800만 명이 집을 잃고 이주해야 합니다. 현재도 국토의 절반 이상이 염분에 오염되면서 농사짓기가 어려워지고 있습니다. 이 때문에 매년 10만 명 이상의 농민이 생계를 잃고 도시 빈민으로 전락하고 있습니다.

게다가 홍수, 사이클론(태풍), 가뭄 같은 기후재난도 자주 발생하고 있어요. 2020년, 방글라데시는 초강력 사이클론 '암판'으로 막대한 피해를 보았습니다. 이 사이클론은 벵골만의 해수면 온도가 상승하면서 더 강력해졌고, 방글라데시 남부를 강타했습니다. 최소 16명이 사망했고, 경제적 손실을 계산하면 약 1억 3000만 달러(약 1600억 원) 규모의 피해였다고 합니다. 2022년에는 "122년 만에 최악 수준"의 홍수로 720만 명 이상의 수재민이 발생했고, 102명이나 목숨을 잃었습니다.

2024년 여름에도 폭우로 인한 홍수가 발생해 최소 42명이 사망했고, 30만 명에 가까운 사람이 피난해야 했습니다.

탄소 배출을 많이 한 나라는 따로 있는데, 실제 피해는 이처럼 전혀 다른 나라가 겪고 있습니다. 이 문제를 해결하기 위해 국제사회는 '공동의 그러나 차별화된 책임(Common but Differentiated Responsibilities)'이라는 원칙을 세웠습니다. 이 원칙은 모든 국가가 기후변화에 대응할 책임이 있지만, 역사적으로 탄소를 많이 배출한 국가들이 더 큰 책임을 져야 한다는 것을 뜻합니다. 즉, 미국과 유럽 같은 나라들이 탄소 배출량이 적은 국가들을 지원해야 한다는 의미죠.

방글라데시는 기후변화로 선진국보다 불리한 위치에 처한 58개 국가로 이루어진 '기후 취약국 포럼(Climate Vulnerable Forum, CVF)'의 의장국입니다. 탄소 배출량을 감축하고 개발도상국들의 '탈탄소화'를 돕기로 한 선진국에 약속을 이행하라고 촉구하고 있습니다. 이 과정에서 유엔 녹색기후기금(Green Climate Fund, GCF)도 만들어졌죠. 유엔 녹색기후기금은 2010년 유엔기후변화협약(UNFCCC) 당사국 총회에서 설립이 결정되었으며, 2013년에 공식 출범하였습니다. 주요 목적은 개발도상국이 기후변화에 대응할 수 있도록 재정 지원을 제공하는 것입니다. 2023년 7월, 인천 송도에서 제36차 GCF 이사회가 열렸는데 방글라데시의 취약한 연안 지역의 농장 및 생계 탄력성을 지원하기 위한 사업이 승인됐습니다. 이는 총 38개 개발도상국을 대상으로 한 12개 사업 가운데 하나였습니다. 유엔 녹색 기후기금은 12개 사업에 총 7억 6000만 달러를 지원하기로 하였습니다. 하지만 기후변화로 인한 피해 금액과 비교하면 턱없이 부족합니다. 방글라데시가 기후 재난으로 입은 손실은 2000년에서 2019년까지만 해도 18억 6000만 달러에 달하니까요.

　해수면 상승에 대비하려면 금전적 지원만큼이나 방파제, 수자원 관리 기술이 필요합니다. 방글라데시와 같은 나라들은 기후위기의 피해를 감당할 자원이 부족하므로, 국제적인 협력이 필수적이에요. 선진국이 더 많은 책임을 지고, 취약국이 재난에 대비하여 복구할 수 있도록 돕는 것이 기후정의를 실현하는 길입니다. 예를 들어, 방글라데시 정부가 홍수를 대비하기 위해 댐과 방파제를 건설하려 해도 국제적 재정 지원 없이는 목표를 이루기 어려워요. 방글라데시와 같은 나라들은 기후변화에 거의 영향을 미치지 않았지만, 그 대가를 가장 크게 치르고 있어요. 이를 해결하려면 탄소 배출량이 많은 선진국들이 책임도 더 많이 져야 하고, 피해를 겪는 국가를 돕는 정의로운 국제 협력이 필요합니다.

3장

장마와 폭우가
우리를 우울하게 만들어

강수량 증가 현황

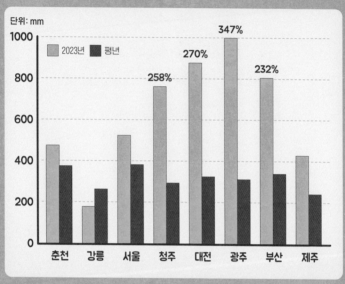

단위: mm

2023년
평년

- 347%
- 270%
- 258%
- 232%

춘천 강릉 서울 청주 대전 광주 부산 제주

출처: 아시아경제(2023년)

── 이 표에서 주황색 막대는 2023년 강수량을, 진회색 막대는 평년 강수량을 나타내고 있어요. 여기서 평년 강수량은 이전 30년 간의 평균 강수량을 의미해요. 각 지역별로 강수량이 얼마나 증가했는지 백분율로 표시되어 있습니다. 예를 들어, 대전은 평년보다 270퍼센트, 즉 거의 3배 가까운 비가 내렸다는 걸 알 수 있어요. 기후위기로 인해 지구온난화가 진행되면서, 전 세계적으로 날씨 패턴이 변하고 있습니다. 이로 인해 강수량도 갑작스럽게 증가하고 있고요. 그래서 어떤 지역은 평소보다 훨씬 많은 비를 경험하며 홍수의 위험에 처할 수 있습니다.

Q 여름에 내리는 비는 습하고 바깥 공기가 뜨거워서 견디기 힘들어요. 홍수, 침수도 다 비 때문에 발생하잖아요. 그렇지만 비는 꼭 필요하다고 알고 있어요. 여름에 내리는 비 덕분에 곡물이나 과일도 잘 자라는 거 맞죠?

(비만 오면 두려운 아이들)

여름이 되면 우리나라에 많은 비가 쏟아지곤 합니다. 그냥 비라고 하기는 힘들고 사실 폭우이지요. 2023년 7월에 내린 비는 기존의 최고 강수량 기록을 바꿔버릴 정도였어요. 질문에서 이야기한 것처럼 우리나라에서는 보통 여름에 많은 비가 내려 농작물 성장에 도움을 줍니다. 그래서 2023년 5월에 내린 비는, 역시 폭우였지만, 남부지방의 가뭄을 해소하는 역할을 했습니다. 특히 여름철에 내리는 비는 1년 강수량의 60~70퍼센트를 책임지고, 대기를 깨끗하게 정화해 줘요. 미세먼지가 가득해도 비가 오고 나면 공기가 깨끗해지잖아요. 그야말로 애증의 존재죠. 만일 여름철 강수량이 다른 계절과 비슷하거나 적다면, 극심한 물 부족으로 사람의 활동에도 심각한 제약이 생겼을 거예요. 그리고 폭우는 한 번에 확 쏟아지니까 땅의 독성이나 염분을 씻어내기도 해요. 그러니 폭우라고 해서 항상 나쁜 건 아닙니다.

문제는 이 폭우 때문에 피해를 보는 친구들이 있다는 거예요. 2022년 한 신문 기사에 이런 내용이 실렸습니다. 당시 반지하 주택에 살던 여섯 살 친구가 폭우로 순식간에 집이 잠기는 걸 목격했대요. 그 뒤로는 잠을 잘 때마다 팔 사이에 옷을 껴안고 잔다고 해요. 이 친구가 이러는 이유는 비가 내려서 집이 또 물에 잠기면 언제든지 옷을 입고 나가야 하기 때문이라네요. 이 친구는 비가 많이 내릴까 봐 늘 걱정이었고, 집중호우 소식만 나오면 뉴스가 진짜냐며 묻기도 했답니다.

그런데 비로 인해 어린이나 청소년이 피해를 보는 일이 비단 우리나라에서만 일어나는 건 아닙니다. 2023년 7월, 방글라데시에는 엄청난 폭우가 쏟아졌고, 이 때문에 어린이와 청소년도 2개월 이상 대피소에서 지내야 했습니다. 비 때문에 홍수가 발생했는데 무려 160센티미터 이상 물이 차올라 집과 학교, 병원까지 물에 잠겼기 때문이에요. 이 말은 결국 중학생 친구들의 평균 키와 비슷한 높이까지 물이 차올라 마을이 잠겼다는 뜻입니다. 방글라데시의 아이들이 비 때문에 대피소에 머무는 건 하루이틀 일이 아닙니다. 이 친구들은 2011년부터 매년 홍수 때문에 집을 떠나 안전한 곳을 찾아야 했고, 우기가 오면 댐이 넘칠까 봐 항상 두려움에 떨었다고 합니다.

우리가 반지하에 살지 않는다고, 방글라데시 사람이 아니라고 그냥 넘어가지 말고, 한번 상상해 볼까요? 내가 사는 집이 갑자기 폭우로 물에 잠기고, 내 키를 넘을 만큼 물이 차오른다면 어떨까요? 예상치 못한 비가 갑자기 쏟아진다면 무서울 거예요. 원인도 모르고, 특별한 해법도 없는 이런 폭우에 생명을 위협받고 나면 어쩔 수 없이 날씨가 스트레스가 될 거예요. 요새 기후위기로 인한 정신적 충격을 '재난 트라우마'라고 표현한다고 합니다. 어른들은 이런 위기에 대처법이 있겠지만, 아이들은 이런 폭우가 쏟아질 때 혼자 남겨지면 너무 두려울 거예요. 폭우는 우리의 일상을 빼앗았을 뿐만 아니라 어떤 나라에서는 아이들을 공포에 떨게 하고 있습니다.

(54일간의 장마는
비가 아닌 기후위기)

폭우가 자연재해로 이어지는 건 주로 여름입니다. 여름철에 마치 우기처럼 비가 쏟아지는 게 우리나라의 장마인데, 장마철 호우는 주로 7월에 집중됩니다. 비로 인해 생기는 피해의 65퍼센트가 7월에 일어난다고 하네요. 장마는 우리를 불편하게 합니다. 비만 왔다 하면 우산을 써도 신발이랑 책가방까지 다 젖곤 하잖아요. 빨래가 쉽게 마르지 않고 공기는 눅눅합니다. 집 안에서는 건조기나 제습기를 사용하며 습기를 견딜 수 있지만, 바깥은 그렇지 않죠. 장마로 인한 피해는 우리의 일상뿐만 아니라 산업과 경제활동에도 큰 피해를 주곤 합니다.

매년 장마를 겪지만 2020년은 아주 특별했습니다. 왜냐하면 역대 최고로 긴 장마였기 때문이죠. 장마는 보통 한 달 정도 지나면 끝납니다. 그런데 그해엔 장마가 무려 54일 동안 계속됐어요. 그때 SNS에는 이런 해시태그가 돌아다녔습니다. "#이_비의_이름은_장마가_아니라_기후위기입니다." 이 문구를 처음 올린 사람은 해시태그 운동의 취지를 이렇게 설명했습니다. "(지금 상황을) 단순히 '장마가 길어진다'라고 여길 게 아니라 이를 계기로 기후위기를 고민할 수 있도록 많은 사람에게 알리고 싶었다."

도대체 이 장마는 왜 이렇게 길어졌던 걸까요? 장마전선은 북쪽의 찬 공기와 남쪽의 따뜻한 고기압 사이에 만들어져서 비를 뿌립니다. 보통 7월 말 정도가 되면 따뜻한 북태평양고기압이 더 세지면서 장마전선을 북한으로 밀어 올려요. 그러면 장마가 끝이 납니다. 그런데 기후변화로 북극 기온이 높아지면서 극지방의 찬 공기가 한국이 위치한 중위도까지 내려온 거죠. 찬 공기가 강하게 버티고 있다 보니 북태양평고기압이 장마전선을 북쪽으로 밀고 올라가질 못하게 된 겁니다. 여기에 수증기까지 보태져서 더 많은 비가 내린 것이죠. 그렇게 최장 장마 기록을 세운 2020년, 여름철 집중호우로 46명이 사망하거나 실종됐습니다. 재산 피해도 어마어마했죠.

2023년 장마는 '누적 강수량 역대 3위', '최근 11년간 인명 피해 1위', '일평균 강수량 역대 1위' 등 역대급 기록을 남겼습니다. 이 장마는 비가 내린 기간은 평범했지만, 한 번에 쏟아지는 비의 양이 특히 많았습니다. 충청남도 청양에서는 이틀 동안 500밀리미터가 넘는 폭우가 쏟아졌는데, 이는 500년이나 천 년에 한 번 나올 법한 강우량이라고 합니다. 이처럼 비가 유난히 집중적으로 내리면서 47명이 숨지고 3명이 실종됐습니다. 2013년부터 최근 11년 동안 집계된 태풍·호우로 인한 사망·실종자 통계 중 가장 많다고 합니다. 기후변화로 인한 이런 재난은 누구도 쉽게 해결할 수 없습니다. 그렇지만 피해를 보는 사람들이 있어요. 비가 와서 집이 잠긴 경험 때문에 늘 비가 올까 두려워하고, 얼른 대피할 수 있게 준비하는 아이들이 있다는 것. 앞으로도 장마는 그저 반가운 비가 아닐 가능성이 높습니다.

이제는 비가 아니라 극한 폭우에 대비해야 할 때

인명 사고를 부르는 극한 폭우. 기상청은 시간당 30밀리미터 이상 쏟아지면 폭우라고 합니다. 시간당 30밀리미터 이상이라고 하면 감이 안 잡힐 텐데, 이렇게 생각하면 됩니다. 머리 위에서 누가 물통으로 물을 퍼붓는 듯한 느낌인 거죠. 누군가 수압이 강한 물을 호스로 여러분의 몸에 퍼붓는다고 생각해 보면 됩니다. 사람 머리에 그렇게 물을 퍼부으면 숨쉬기 힘들고 아프기도 합니다.

이건 우리 주변에도 영향을 미칩니다. 작은 하천이나 하수도에선 물이 넘치고, 자동차 안에서는 운전 중 와이퍼를 써도 앞을 볼 수가 없습니다. 2022년에는 서울시 관악구의 반지하

탄출 배출이 지금과 같을 때 1일 최대 강수량 전망

146.2
(8.5퍼센트)
2020~2049년

165.9
(23.2퍼센트)
2050~2079년

182.9
(36.1퍼센트)
2080~2099년

단위: 밀리미터. 연평균 전망치 기준. 괄호는 현재 대비 증가율.

자료: 한국환경연구원(2023년)

방이 침수돼 사람이 죽었고, 강남역 사거리가 물에 잠겼습니다. 2023년에는 청주시 오송 지하차도에서 큰 사고가 일어났죠. 가장 큰 원인은 극한 폭우였습니다. 하지만 모든 걸 기후 위기 탓으로 돌릴 수는 없습니다. 극한 폭우에도 충분히 대비했다면 큰 사건·사고로 이어지지 않았을 테니까요.

우리가 당장 기후위기를 해결하지 못하면 이번 세기말(2080~2099년)에는 시간당 30밀리미터 이상의 폭우가 쏟아지는 날이 지금보다 세 배가량 늘어날 수 있다고 합니다. 그리고 대도시는 강수량이 더 늘어나요. 도시에는 건물들이 밀집돼 있어 도시 열섬 현상이 발생하니까요. 이 현상은 지역의 공기 흐름을 바꾸고 인근 하천이나 강에서 습한 공기를 끌어들여서 강수량을 증가시킬 수 있답니다.

그렇다고 망연자실 손을 놓을 순 없죠. 이제는 도시에 건물을 세우거나 도로, 다리, 하천을 건설하거나 정비할 때도 기후변화를 고려해야 합니다. 그리고 폭우 등에 대비한 시설도 계속 늘려나가야겠죠. 특히 최근에는 도시 주택에 침수 피해가 늘어나는데, '오랫동안 꾸준히 내리던' 비가 '단시간에 한꺼번에 쏟아지는' 폭우로 변하고 있기 때문이에요. 우리나라 전체 인구 중 92퍼센트가 도시지역에 살고 있고, 도로가 대부분 아스팔트로 돼 있어 빗물이 전부 하수구로 빠져나가기는 어렵습니다. 결국 저지대에 있는 친구들이 피해를 보게 됩니다. 이렇게 되면 예상치 못한 재난 때문에 몸과 마음에 상처를 입을 가능성이 높아집니다.

• • •

Q 폭우 때문에 우울증에 걸리는 친구들이 있다는 건 이번에 처음 알게 됐어요. 그런데 이렇게 갑작스럽게 비가 많이 내리는 이유는 뭘까요? 기후위기가 폭우와 어떻게 연결되나요?

점점 느리게 이동하고
더욱 강해지는 태풍

이토록 많은 비는 어디서 오는 걸까요? 그 원인은 지구가 뜨거워지고 바닷물 온도가 높아지면서 수증기가 많아졌기 때문입니다. 또 산림 벌채나 댐 건설, 도시의 아스팔트 때문에 물이 자연스럽게 순환하지 못하는 것도 피해가 커진 원인이라고 할 수 있습니다. 다시 말하자면 우리 머리 위에 거대한 물주머니가 있다는 말이죠. 물주머니가 갑자기 팡 터지면 그 안에 있던 물이 한꺼번에 와락 쏟아지겠죠? 그것과 비슷한 원리라고 생각하면 됩니다.

특히 이걸 잘 보여주는 게 태풍이에요. 태풍은 우리나라에 매년 찾아와 큰 피해를 주고 있습니다. 우리가 흔히 알고 있는 태풍은 열대 해상에서 발생하는 저기압 가운데 강한 폭풍우를 동반한 것을 말해요. 강풍과 집중호우가 함께 오기 때문에 피해가 항상 큽니다. 따뜻한 열대 바다에서 증발한 수증기가 모여 상승하면서 엄청난 양의 에너지를 갖게 되는데, 강력한 태풍은 히로시마에 투하된 원자폭탄의 만 배나 되는 위력을 가지고 있다고 해요.

이런 열대저기압은 발달한 지역에 따라 이름이 달라요. 우리나라를 포함한 동부 아시아에서는 태풍이라고 부르지만, 인도양이나 남태평양에서는 '사이클론', 북동쪽 태평양이나 대서양에서는 '허리케인'이라고 하죠. 이러한 열대저기압은 발생하는 장소나 풍속이 다를 뿐, 발달하는 원리는 같아요. 지구온난화의 영향으로 모든 해역에서 발생하는 열대저기압이 점점 강해지고 있습니다.

우리나라는 2022년 9월 경상남도 해안에 상륙한 슈퍼 태풍 '힌남노'로 인해 11명이 숨지고 한 명이 실종되는 피해를 겪었습니다. 특히 포항에서, "지하 주차장이 침수될 것으로 예상되니 차를 이동시켜 주세요"라는 아파트 안내 방송을 듣고 지하 주차장에 내려갔다가 여러 사람이 사망한 사건이 있었습니다. 처음에 차를 옮기려 지하에 갔을 때, 바닥에 전혀 물기가 없었다고 합니다. 하지만 순식간에 쏟아진 빗물에 지하 주차장 입구가 막혔다고 합니다.

왜 갑자기 빗물이 순식간에 차오른 걸까요? 침수된 아파트 근처에 원래 하천이 있었다고 합니다. 그전까지는 강수량이 많아도 그 하천의 물길을 따라 흘렀어요. 그런데 거기에 아파트를 짓고, 주차장을 만들면서 물길의 방향이 바뀌었답니다. 인간이 인위적으로 물길을 직각으로 꺾어놓았고, 폭우가 쏟아지자 물이 제 갈 길을 찾지 못해 그대로 사람들을 덮친 거죠.

이런 슈퍼 태풍은 2023년에도 있었습니다. '카눈'이라 불린 이 태풍은 인명 피해를 주진 않았지만, 아주 특이했어요. 보통 태풍이 엄청나게 빠른 속도로 지나가는 것과 달리 카눈은 아주 느리게 이동했거든요. 한반도를 12시간 동안 천천히 지나갔어요. 느린 데다 쉽게 사라지지도 않았고요. 태풍의 평균 수명은 보통 8일인데, 카눈의 수명은 14일이었습니다. 평년보다 높은 남해안 바닷물 온도 때문에 생긴 수증기를 연료로 삼아 힘을 키우며 한반도에 상륙했기 때문이었죠.

태풍의 이동 속도가 지난 70년 사이 10퍼센트 정도 느려졌다는 연구 결과도 나왔습니다. 이동 속도가 느릴수록 태풍의 영향을 받는 시간이 길어져요. 그러면 이에 따른 피해가 커질 수밖에 없지요. 그런데 지구온난화에 따라 바닷물 온도가 계속 상승하면서 태풍은 점점 더 강해질 거라고 합니다. 더 강한 태풍이 우리나라를 아주 느리게 지나갈 수 있다는 거예요. 태풍의 반경이 넓어지고, 더 강해진다면 누구도 그 피해에서 벗어나기 어려울 겁니다.

(화재만큼 홍수와 태풍도 위험해)

앞서 언급한 방글라데시 아이들은 폭우 때문에 발생한 홍수로 인해 두 달간 대피소에 머물러야 했습니다. 지구 열대화로 인해 날씨가 따뜻해질수록 대기가 더 많은 수분을 머금게 되고, 더 많은 비가 짧은 시간 동안 좁은 지역에 집중적으로 쏟아지게 됩니다.

홍수는 단지 비가 좀 많이 오는 사건이 아닙니다. 지진만큼은 아니지만 자연재해 중에서는 꽤 큰 파괴력을 가지고 있어요. 다른 자연재해에 비해 사망자도 많습니다. 홍수를 일으키는 주된 원인인 태풍만 해도, 똑같은 태풍이라면 비를 많이 뿌리는 태풍이 더 위험합니다. 물로 인한 자연재해는 뭐든 위험하죠. 당장 높은 파도로 땅을 휩쓸어 버리는 쓰나미만 봐도 사망자가 다른 자연재해에 비할 수 없을 만큼 많습니다.

갑자기 물이 들이닥쳐 사상자가 나오는 것도 문제지만, 홍수는 꼭 다른 피해를 동반합니다. 우선 홍수가 멎은 뒤에는 깨끗한 물을 구하기 어렵습니다. 이렇게 되면 마시는 물이나 음식도 깨끗하지 못하니 바로 수인성전염병이 창궐합니다. 그 다음으로 우리가 뉴스를 통해 보면 알겠지만, 홍수로 인해 집

74

이 망가지면 쉽게 복구하기 어렵습니다. 게다가 큰 홍수가 땅을 쓸고 가면 아무것도 남지 않습니다. 화재는 불에 타고 나면 잔해라도 남잖아요? 홍수는 그야말로 폐허를 만듭니다. 홍수가 휩쓸고 간 것들은 전부 하류에 쌓여요. 하류에 온갖 물건과 지저분한 오물까지 모이겠죠.

이처럼 홍수는 모든 것을 휩쓸어 버립니다. 그 과정에서 인명 피해만이 아니라 농작물 피해, 가축 피해까지 발생합니다. 홍수 때문에 한 해 농사를 망쳐 농부도 힘들어집니다. 그로 인해 우리가 먹는 식재료의 가격도 상승합니다. 이런 일이 자주 발생하면 식량 위기도 그리 먼 이야기가 아닐 겁니다.

앞서 나눈 가뭄 이야기에서 알 수 있듯이 사람은 물 없이는 살 수 없어요. 하지만 홍수처럼 물이 넘쳐버려도 사람이 살 수가 없게 돼요. 방글라데시에서처럼 홍수로 물이 차오르면 집과 학교, 병원이 모두 물에 잠길 수 있으니까요. 자연재해를 겪은 생존자들의 트라우마는 '전쟁'의 공포와 유사하다고 해요. 자연재해는 타인에 대한 불신과 안전에 대한 부정적 신념을 심어줄 수 있습니다. 자기 잘못이 아닌데도 자신이 무능하다고 생각하거나 불운하다고 여기기도 합니다. 재난이 일상이 된 지금, 유가족을 포함한 재난 생존자들의 피해가 불안과 우울, 그리고 트라우마로 이어지는 것을 막기 위해 사회적 지지와 치유의 과정이 필요합니다.

　매년 장마가 두 달 가까이 계속되고, 물통으로 물을 퍼붓는 듯한 폭우가 우리 동네에 수시로 내리고, 더 강한 태풍이 더 천천히 우리나라를 지나가면서 피해를 주는 세상. 어쩌면 이미 우리가 경험한 현재일 수도 있지만, 문제는 앞으로 미래에는 더 심각해진다는 것입니다. 폭우와 홍수로부터 우리 집과 동네, 도시를 지키고, 우리 이웃들과 함께 생존할 방법을 하루 빨리 찾아야 하지 않을까요?

대기의 강,
가뭄과 홍수의 악순환

미국 서부 캘리포니아주는 평소 날씨가 좋기로 유명합니다. 그런데 2023년 초에 3개월 동안 폭우와 폭설, 토네이도와 같은 혹독한 기상이변을 겪었습니다. 폭우로 인한 홍수에 이쪽 지역 주민 2만 7000명에게 대피령이

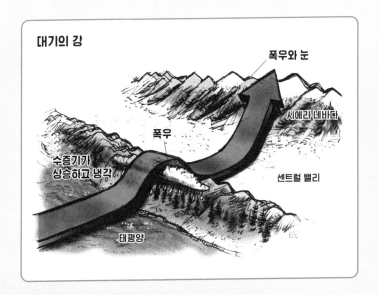

대기의 강

폭우와 눈

시에라 네바다

폭우

수증기가
상승하고 냉각

센트럴 밸리

태평양

떨어졌고, 같은 날 인근 지역에는 시속 170킬로미터에 달하는 토네이도가 덮쳐 다섯 명이 사망하는 일이 벌어진 거예요. 2022년 12월까지는 천 년 만에 처음 겪는 최악의 가뭄이었는데, 2023년 1월부터 3월 사이에는 엄청난 물난리를 겪은 거죠.

캘리포니아의 극단적인 날씨는 '대기의 강(Atmospheric River)' 현상이 원인이라고 합니다. 다량의 수증기를 품은 대기가 마치 '물길'과 같은 모양으로 장거리를 이동하는 현상을 말하죠. 대기의 강은 열대지방에서 고위도로 이동하는 습한 공기 기둥을 말하는데, 이 공기 기둥은 길고 좁아 엄청난 양의 수증기를 포함하고 있습니다. 이 수증기가 산악 지역을 지나가면서 극단적인 비와 눈으로 변하는 것입니다. 그런데 대기의 강 현상이 자주 일어나는 이유도 기후변화 때문이래요. 지구온난화로 대기 온도가 상승하면서 대기의 강이 더 많은 수분을 보유하고, 더 자주 발생하게 된다는 겁니다.

심한 가뭄으로 고통받다가 갑자기 홍수로 피해를 보는 상황이 지난 40년 동안 전 세계에서 꾸준히 늘어나고 있어요. 특히 북미 동부와 유럽, 동아시아, 동남아시아, 호주 남부, 아프리카 남부, 남미 남부 등 7개 지역에서 자주 발생했다고 해요. 그리고 가뭄에서 홍수로의 급격한 전환이 기후변화로 인해 앞으로도 더욱 자주 일어날 수 있다고 합니다.

물 부족,
아이들과 여성이 제일 위험해

기후위기는 전 세계적으로 물 부족 문제를 심화하고 있어요. 특히 개발도상국의 여성들은 물을 구하는 역할을 주로 맡고 있어서 물 부족은 단순히 생활의 불편함을 넘어 교육과 건강, 안전까지 위협합니다. 물이 부족한 지역에서 물을 긷는 사람 다섯 명 중 네 명은 여성과 아이들입니다.

인도의 라자스탄은 인도 북서부에 위치하며 강수량 부족과 가뭄이 일상화된 지역입니다. 기후변화의 영향으로 최근 수십 년간 강수량이 많이 감소하면서 지표수와 지하수가 고갈되고 있습니다. 이곳의 여름철 기온은 50도에 육박하며, 극한의 더위에 물 부족까지 심해 지역 주민들은 생존을 위협받고 있습니다.

물이 부족해지면서 이곳의 여성들은 더 먼 곳까지 물을 구하러 가야 합니다. 매일 평균 6~10시간을 걸어 물을 운반합니다. 물을 구하기 위해 20~30리터짜리 물통을 머리에 이어야 하는데, 이 과정에서 목, 허리 통증과 탈진을 겪습니다. 물을 구하려고 장거리를 오가다 보면 학교에 갈 시간이 없습니다. 집에 돌아오면 이미 오후가 끝나 있죠. 그래서 물이 부족한 지역의 학생들은 학교를 그만두는 일이 빈번합니다. 꿈이 있어서 공부하고 싶어도 물을 구하러 가야 하니까 꿈을 포기하게 되는 거죠.

게다가 물이 부족한 지역의 여학생들은 사춘기가 되면 학교를 그만둔다고 합니다. 특히 여학생들에게는 월경 기간에 사용할 깨끗한 화장실이 필요한데, 사생활 보호가 안 될 정도로, 열악하고 지저분하기 때문입니다. 인도뿐만 아니라 사하라 이남 아프리카에서 초등학교를 중퇴한 여학생 절반 이상이 학교에 물과 위생 시설이 부족해서 학교를 그만두었다고 대답했습니다.

교육의 기회만 사라지는 게 아닙니다. 물을 구하는 데 시간을 뺏기고, 교육도 받지 못하게 된 소녀들은 종종 어린 나이에 결혼합니다. 가뭄이 계속돼 가정의 생계를 유지하기가 어려워지면 딸을 조기에 결혼시켜 부양 부담을 줄이려는 경향이 강해지거든요. 임신 기간 중에도 어쩔 수 없이 오염된 물을 마시고 사용할 수밖에 없는 산모도 있습니다. 면역력이 떨어진 산모는 수인성 질병에 노출되고, 이는 태아의 저체중과 느린 성장의 원인이 됩니다. 그 어떤 곳보다 깨끗해야 할 병원도 마찬가지입니다. 케냐 의료 시설의 38퍼센트는 안전한 물을 공급받지 못하며, '비위생적인 환경'으로 인해 산모 사망률도 15퍼센트에 이릅니다. 기후위기와 물 부족이 불평등한 사회구조와 맞물리면서 여성의 삶을 더 취약하게 만들고 있습니다.

근본적으로는 기후위기로 인한 가뭄과 이로 인한 물 부족이 가장 큰 원인입니다. 물을 길어 오기 위해 애쓰지 않고 생활할 수 있다면, 여성들은 그 시간에 학교를 다니고, 폭력의 위험에 노출되지 않을 수도 있습니다. 그래서 라자스탄의 여성들은 물 부족 문제를 해결하기 위해 직접 나서고 있습니다. 이들은 빗물을 저장하는 전통적인 방법인 '탕카(Tanka)'를 재건하고 있어요. 탕카는 인도 라자스탄 같은 건조한 지역에서 사용되어 온 빗물 저장 시스템입니다. 주로 원기둥이나 사각기둥 모양으로, 지면 아래를 깊이 파서 빗물을 모으는 방식입니다. 저수조는 석회암이나 시멘트를 사용해 방수

처리를 하여 물이 새지 않도록 설계합니다. 그러면 지붕이나 땅 표면을 흐르던 빗물이 빗물 홈통이나 파이프를 통해 탕카로 흘러들어 저장되는 거죠.

라자스탄의 사례는 기후위기로 인한 물 부족이 어떻게 여성에게 더욱 불평등한 영향을 미치는지 보여줍니다. 이런 문제를 바꾸려면 더 많은 우물을 설치하고, 수자원 저장 시설을 만들어, 여성들이 멀리까지 걷지 않도록 해야 합니다. 태양광 펌프를 이용해 지하수를 끌어올리는 시스템은 에너지 친화적이면서도 물 접근성을 높일 수 있습니다. 이런 여러 어려움을 해결하기 위해서는 재정적 지원도 필수적이고요. 기후위기는 물의 양만 줄이는 것이 아니라, 사회적 불평등까지 악화시킵니다. 물 부족을 해결하기 위해서는 지속 가능한 기술과 여성의 권리를 중심에 둔 정책이 필요합니다. 물관리나 재난 대응 정책을 만들 때도 가장 많이 피해를 보는 여성과 아이들의 목소리를 반영해야 합니다. 기후정의의 실천은 여성과 아이들이 물과 미래를 찾을 수 있는 공정한 세상을 만드는 길입니다.

먹거리 위기?
이제 반찬 투정은 사치야

주요 농작물의 재배 지역 북상

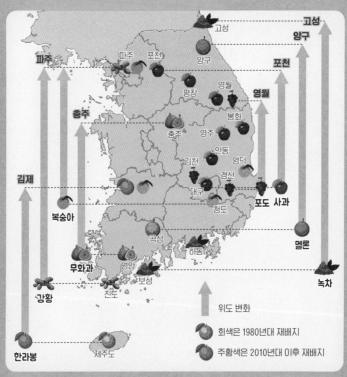

고성

양구

파주 포천
파주 포천
양구

충주
영월
평창
봉화
충주 영주
김천 안동
영덕
경산
대구
복숭아 청도

영월
영월

포천

영월

포도 사과

곡성
하동
무화과 영암
보성

멜론

강황 진도

위도 변화

회색은 1980년대 재배지

주황색은 2010년대 이후 재배지

녹차

한라봉 제주도

자료: 농촌진흥청(2015년)

—— 농작물의 재배 지역이 북상하는 현상은 지구온난화로 인한 기온 상승 때문입니다. 더 따뜻해진 기후 조건은 일부 농작물이 서늘한 기후를 선호하는 기존 지역보다 더 북쪽에서도 잘 자랄 수 있게 만들었어요. 예를 들어 한라봉처럼 남부 지역에서 주로 자라던 과일들도 이제는 남해안 지역에서도 재배가 가능해졌죠. 이걸 보면 기후변화가 우리의 먹거리와도 밀접하게 연결되어 있음을 알 수 있습니다.

Q 요새 마트에 가면 망고나 바나나 같은 열대 과일이 아주 많이 보여요. 대신에 사과나 배는 너무 비싸더라고요. 마트에서 파는 과일 종류가 달라졌는데, 혹시 이것도 기후위기와 관련이 있을까요?

(사과가 왜 사라졌지?)

예전엔 급식에 빠지지 않는 과일이 사과였습니다. 그런데 요새는 어떤가요? 후식으로 사과가 나오는 일이 매우 드물어졌어요. 너무 흔해서 귀한 줄도 몰랐던 과일이 갑자기 급식 메뉴에서 사라진 이유는 뭘까요? 답부터 미리 말하자면 이것 역시 전 세계적인 기후위기 때문입니다. 기후위기가 어떻게 사과 가격에 영향을 주는지 하나씩 알아봐요.

사과는 평균기온이 섭씨 15~18도 정도로 유지되어야 잘 자라는 과일이에요. 15도라면 "좀 춥다"라고 말할 정도의 서늘한 가을 날씨와 비슷해요. 그래서 우리나라에서는 경상북도에서 사과가 잘 자랐습니다(강원도까지 재배지가 점점 확대되고 있죠). 그런데 사과 생산량이 유독 줄었습니다.

사과 농사에서 가장 중요한 시기는 봄입니다. 4월에 꽃이 풍성하게 잘 피어야 예쁘고 맛있는 사과 열매가 달리거든요. 농부들은 5월부터 이 열매들을 선별하는 작업을 하는데, 이때 나무에 남아 있는 것들이 그해 사과 수확량이 됩니다. 2023년에 사과 수확량이 적었던 이유는 봄이 이례적으로 따뜻했기 때문이에요. 보통 사과 꽃은 4월 이후에 피는데, 봄 기온이 높아져 1주일 이상 빨리 폈다고 해요. 그런데 갑자기 꽃샘추위가 찾아오면서 꽃이 얼어버렸죠. 꽃이 피고 지는 과정이 기후위기 때문에 자연스럽지 못했던 겁니다. 그러니까 사과가 열리지 않게 된 거죠.

이런 기후위기에 대해 한국의 농촌진흥청이 조사했는데요. 연평균 기온이 1도 오르면 농작물의 재배 지역은 81킬로미터나 북상한다고 해요. 서울에서 충남 당진까지 직선거리가 81킬로미터라는 걸 감안하면 사과 재배지가 완전히 바뀐다는 뜻이나 마찬가지죠. 사과가 열리는 해발고도 역시 154미터 상승한다고 분석했어요. 2022년 한국의 여름철(6~8월) 평균 기온은 24.5도로 2002년(22.9도)보다 1.6도 높아졌어요. 지난 20년간 농작물 적정 재배지의 위도는 129.6킬로미터 북상했고, 해발고도는 246.4미터가 높아진 셈입니다. 예전에는 사과가 경상북도에서 많이 열렸는데, 요즘에는 강원도에서 사과 재배가 더 늘어나고 있어요. 사과는 기온과 이산화탄소 농도가 상승하면 크기가 작아지고 당도도 떨어진다고 해요. 사과만의 예쁜 빨간색을 만들어내는 안토시안 함량도 낮아져 품질이 떨어지고요. 보통 꽃샘추위가 지나가고 난 뒤에 꽃이 피는데, 이젠 꽃이 피고 나서 꽃샘추위가 찾아와 수확량이 줄었습니다. 여름에도 갑작스럽게 기온이 내려가면 사과들이 열매 크기를 키우지 못하고요.

　2022년 농촌진흥청 국립원예특작과학원이 기후변화 시나리오를 반영한 6대 과일 재배지 변동을 예측했어요. 그 결과, 2070년대에는 사과가 강원도 일부 지역에서만 재배되고, 2090년에는 지금과 같은 맛을 내는 고품질 사과가 완전히 사라질 것으로 내다봤습니다.

(엎친 데 덮친 격, 탄저병)

사과가 사라질 거라는 전망은 단지 기온차 때문만이 아니에
요. 혹시 탄저병이라고 들어봤나요? 2001년 10월 미국에서
탄저병균이 들어 있는 우편물이 처음 발견된 뒤, 전 세계가 테
러 공포에 휩싸인 적이 있었죠. 미국 당국은 2006년 8월까지
탄저병균 테러로 미국에서 총 네 명이 사망했다고 밝혔어요.
탄저병균에 감염된 사람은 처음에는 고열과 기침 등 감기 증
세를 보여요. 그러다가 병원균이 환자의 가슴까지 침투하면
조직 세포를 파괴하는 독소가 생성돼 발병 하루이틀 만에 사
망하죠. 사람이 일단 탄저병에 걸리면 치사율이 70~80퍼센
트에 이릅니다.

식물에도 탄저병이 있어요. 인간의 탄저병과는 달리 콜레
토트리쿰(colletotrichum)이란 곰팡이에 의해 일어납니다. 우
리 밥상에 올라오는 대부분의 식물이 그 병원균 때문에 피해
를 입어요. 식물 탄저병균은 잎, 줄기, 과일, 꽃 등 부위를 가리
지 않고 파괴하죠. 우리나라 음식에 빼놓을 수 없는 양념 채소
인 고추, 여름철 과일인 수박 등 가지과와 박과 작물에서 특히
심한 편이에요. 탄저병에 걸린 식물은 열매껍질에 암갈색의

작은 반점이 생기고 그것이 차츰 명확해지면서 원형으로 넓어져 가운데가 움푹하게 꺼집니다. 자세히 관찰하면 반점에 동심원상의 작은 무늬를 볼 수 있어요. 반점의 주위는 암갈색, 중앙은 적갈색으로 작고 검은 점이 있고, 그 표면에 담홍색의 분생포자를 만들어요. 보통 열매가 다 자란 후부터 수확 전까지 이 병에 걸릴 위험이 있습니다.

식물 탄저병은 동물 탄저병과 달리 주로 접촉에 의해 식물체가 감염됩니다. 병든 식물에 붙어서 겨울을 난 병원균은 포자를 만들어요. 바람에 날리거나 빗물에 튄 포자들은 다른 식물의 잎이나 과일 등에 붙어 침입한 뒤 병을 일으키죠. 심지어 종자 표면에 붙어서 묘목까지 감염시키니 피해가 어마어마하게 커집니다.

해마다 농가를 괴롭히는 사과 탄저병은 사과가 익기 시작할 때부터 발생해요. 사과에 흑갈색 반점을 만들고 안을 썩게 해서 팔 수도, 먹을 수도 없게 만들어버리죠. 탄저병에 걸린 사과가 많아질수록 수확량은 줄어들어요. 탄저병은 일평균 기온이 23~27도로 유지되고 비가 지속적으로 내리는 고온다습한 환경에서 잘 확산한다고 합니다. 앞서 우리가 '폭우'에 관해 나눴던 이야기가 떠오르나요? 안타깝게도 사과가 자라는 경북 영주, 봉화, 청송에 예전에 비해 두 배 이상의 비가 내렸어요. 그리고 평균기온은 23~25도로 오르면서 사과 탄저병이 활동하기 딱 좋은 조건이 만들어진 겁니다. 원래 탄저병은 사과 농가에서 전혀 관리하지 못하는 병은 아니었어요. 폭우 때문에 수해가 발생하자, 사과 농사를 짓던 농부들이 전부 수해 복구에 바빠졌고, 탄저병이 그 틈을 파고든 거예요. 물난리로 발생한 피해를 복구하느라 사과까지 신경 쓸 여력이 없었던 거죠.

망고나 바나나를 먹으면 해결될까

여러분 중엔 이렇게 묻는 친구들도 있을 거예요.

"우리가 선택할 수 있는 과일은 사과 말고도 여러 가지가 있지 않나요? 굳이 사과가 아니라도 마트에 여러 나라의 과일이 있으니까요. 예전에는 맛보기 힘들었던 열대 과일 종류도 선택할 수 있고요. 기후위기 때문에 선택지가 늘어났으니 어떻게 보면 더 좋은 거 아닌가요?"

맞아요. 꼭 사과만 고집할 필요는 없죠. "나는 사과보다 망고나 바나나를 더 좋아하니까 상관없는데?"라고 할 수도 있어요. 하지만 문제는 사과가 아예 사라진다는 데 있습니다. 사과를 많이 생산하는 일본, 미국, 중국의 상황도 한국과 다르지 않거든요. 일본에서도 기후변화로 사과가 사라질 것이라는 전망이 나오고 있고, 미국에서는 기상이변으로 사과 농장들이 문을 닫고 있습니다. 세계에서 사과를 가장 많이 생산하는 중국도 생산량의 대부분을 자국민이 먹기 때문에 우리나라에서 사과를 수입하기가 쉽지 않습니다.

사과가 사라진다는 건 결국 다른 과일도 사라진다는 말과 같습니다. 사과만큼 사랑받는 과일이 딸기일 텐데요. 고온다습한 날씨, 초여름 태풍 등 변화무쌍해진 기후 때문에 딸기 재배도 어려움이 많아졌어요. 딸기 역시 탄저병 같은 현상이 나타나서 노지에서 키우기 어렵고요. 그래서 요즘은 온도와 습도가 조절되는 하우스에서 영양액으로 재배한 딸기가 대부분이죠. 사과나 딸기만 사라지는 게 아닙니다. 열대 과일도 사라지고 있어요. 아보카도는 원래 생산량이 많지 않았어요. 왜냐하면 아보카도를 키우는 데 목화만큼이나 엄청난 물이 소모되니까요. 중국과 유럽에서 아보카도 수요가 늘어나면서 한국의 아보카도 수입이 쉽지 않아졌는데, 여기에 지구온난화까지 겹치면서 아보카도 생산량이 대폭 줄었다고 해요.

요새 마트에 가면 바나나, 오렌지, 망고가 가득하죠? 열대 과일이라도 지구 열대화 속에서 항상 생산량이 풍부한 건 아닙니다. 이 과일들도 대형 허리케인과 폭염 때문에 수확량이 많이 줄었고, 가격이 크게 올라 귀한 과일이 되고 있어요. 사과 말고 다른 과일을 수입한다고 해서 해결될 문제가 아닌 거죠. 또 다른 문제점은 운송 과정입니다. 바나나, 망고, 오렌지 들은 어떻게 한국에 들어오나요? 배나 비행기로 한국까지 옵니다. 이때 엄청나게 많은 온실가스를 배출해요. 그만큼 지구는 더 뜨거워지고 과일을 재배하기 어려운 환경으로 변하게 됩니다. 사과가 사라진다는 건 먹지 못해서 아쉽다는 의미만이 아니에요. 우리가 살아갈 수 있는 환경도 같이 없어지고 있다는 뜻이죠.

· · ·

Q 생각해 보니 친구들이랑 예전에 햄버거 먹으러 갔을 때, 당분간 토마토를 넣어주지 못한다는 이야기를 들었어요. 토마토가 부족한 것도 혹시 기후위기와 관련이 있나요?

(**토마토 트럭 납치 사건**)

2020년, 버거킹 매장 출입문에는 이상기후(긴 장마)로 인해 토마토 공급이 원활하지 못하여 당분간 햄버거 안에 토마토를 넣지 않겠다는 내용의 안내문이 붙어 있었습니다. 비가 너무 많이 온 게 결국 햄버거 안에 토마토를 못 넣는 상황으로 이어진 거죠. 버거킹뿐만 아니라 맥도날드, 롯데리아 등 햄버거 가게에서는 한시적으로 햄버거 안에 토마토를 넣지 못했습니다. 사실 앞서 언급한 기업들은 꽤 큰 곳이고, 이런 데서는 상품과 재고 관리를 아주 철저하게 했을 거예요. 그런데도 이들은 이상기후로 인한 토마토 공급 부족 상황에 대처할 수 없었던 거죠.

토마토 공급 대란은 비단 한국에서만 벌어진 일이 아닙니다. 2023년 인도에서는 이상기후로 토마토 수확량이 크게 줄면서 토마토 가격이 치솟았어요. 그러자 여러 범죄가 발생했죠. 토마토 가격을 흥정하다가 싸움이 났고, 사람들이 밭에서 토마토를 훔치는 일도 일어났어요. 심지어 토마토를 싣고 가던 트럭이 납치된 사건도 있었습니다. 토마토 가격이 좀 올랐다고 이렇게까지 하나 싶겠지만, 그 당시 인도에서 토마토 1킬로그램은 휘발유 1리터보다 더 비쌌다고 해요. 토마토 가격은 반년간 450퍼센트나 상승했습니다. 인도는 세계에서 두 번째로 토마토를 많이 생산하는 나라이고, 토마토는 인도 요리에 꼭 필요한 식재료입니다. 그런데 가격이 오르고 토마토를 살 수 없는 상황이 되자 이러한 사건들까지 발생한 거죠. 인도의 맥도날드 매장에서도 햄버거에 토마토를 넣지 못했습니다.

토마토만의 문제는 아니었습니다. 2022년에는 이상기후로 북미산 감자 수확량이 감소하면서 햄버거 세트에 감자튀김이 빠졌어요. 누구도 햄버거만 먹으려고 하지 않잖아요. 다들 감자튀김 먹으려고 햄버거 세트를 주문하는데 감자튀김이 빠지면 어떻게 되겠어요? 그래서 '감튀대란'이 벌어지기도 했습니다. 한국 패스트푸드 프랜차이즈에서는 주로 미국산 냉동 감자를 수입하는데, 미국의 감자 수확량이 적어지니 수입할 감자가 없었던 거죠. 감자도 사과처럼 서늘한 곳에서 자라는 작물입니다. 그런데 기후변화로 기온이 상승하면서 경작할 수 있는 곳이 점점 줄어들고 있습니다. 한국에서도 최근 이상고온현상과 이상저온현상, 집중호우 등으로 감자 농사가 어려워지고 있습니다. 감자튀김을 먹을 수 있는 날이 얼마 남지 않았는지도 모릅니다.

(이제 커피·초콜릿도 사라진다)

과일과 햄버거만의 문제가 아닙니다. 기후위기는 우리의 밥상을 위협하고 있어요. 우리가 주식으로 삼는 쌀은 현재까지 국내에서 자급하고 있지만, 기후변화가 지속되면 쌀 생산량이 지금보다 4분의 1가량 줄어들 수 있다고 합니다. 2022년 기준 한국의 식량자급률은 46퍼센트였습니다. 식량자급률이란 한 나라의 쌀, 밀, 보리, 옥수수, 콩, 감자나 고구마 등의 서류, 기타 잡곡 등 식량 소비량에서 국내 생산량이 차지하는 비율을 말합니다. 우리 식탁에 올라오는 음식 중 46퍼센트만 국내에서 생산하고, 절반 이상(54퍼센트)은 수입하고 있다는 의미입니다.

원래 우리나라의 식량자급률은 아주 높았어요. 1960년에는 식량자급률이 98.6퍼센트였을 정도로 대부분의 식량을 우리가 직접 생산했죠. 매년 감소하다 2011년부터 50퍼센트인 절반으로 떨어졌고, 2017년 이후로는 계속 40퍼센트대에 머물러 있습니다. 품목별로 보면 다행히 쌀의 자급률은 90~100퍼센트대를 유지하고 있지만, 밀의 자급률은 1.3퍼센트예요. 이러면 어떻게 될까요? 해외에서 밀 가격이 올라가면 한국의 밀가루 가격도 같이 상승합니다. 밀가루는 여러분들이 좋아하는 빵이나 과자에 들어가고, 떡볶이 떡을 만드는 데도 필요해요. 밀가루 소비가 많은데 대부분을 외국에서 수입하다 보니 밀가루값이 장바구니 물가를 좌우할 정도로 큰 영향을 미치고 있죠. 옥수수(4.3퍼센트)와 보리(27.2퍼센트), 콩(28.6퍼센트)의 자급률도 낮아요. 쌀을 제외하고는 거의 모든 곡물을 수입에 의존하고 있지요.

먹을거리를 수입에 의존하면 어떤 일이 일어날까요? 세계 주요 농산물 산지마다 폭염과 가뭄, 폭우 등으로 곡물 수확량이 크게 줄어 가격이 폭등하는 상황에서 말이죠. 그럼, 우리 식탁 물가도 크게 오를 수밖에 없어요. 원재료 가격이 오르는 만큼 라면과 과자 등 주요 식품의 가격도 줄줄이 인상될 테고요.

어른들이 밥 먹고 나서 마시는 커피는 어떨까요? 커피 원두는 100퍼센트 수입이니 커피를 생산하는 나라의 상황에 따라 달라질 겁니다. 그런데 극심한 더위와 병충해로 커피 원두 생산량이 급감하면서 커피 원두 가격도 크게 오르고 있습니다. 2050년이면 커피를 재배할 수 있는 경작지가 현재의 절반밖에 남지 않을 것이라는 충격적인 전망도 나옵니다.

여러분이 좋아하는 초콜릿도 상황이 비슷합니다. 초콜릿의 주재료는 코코아인데, 주 생산지인 서아프리카 지역에 계절에 맞지 않는 폭우와 폭염이 이어지면서 생산량이 뚝 떨어졌습니다. 이 지역의 기후 조건이 점차 달라져 2050년이 되면 코코아나무 숲은 현재의 10퍼센트만 남게 될 거라고 합니다.

설탕 가격도 크게 오르고 있는데요. 브라질, 멕시코, 인도 등

설탕의 원료인 사탕수수를 생산하는 나라들이 이상기후 현상으로 수확량에 타격을 입었기 때문입니다. 설탕 가격 상승은 아이스크림, 초콜릿 등 가공식품의 가격까지 줄줄이 끌어올리고 있습니다.

(고기를 많이 먹을수록 기후변화는 더 심각)

혹시 나는 밥 없어도 고기만 있으면 된다고 생각하고 있나요? 탄수화물 말고 단백질을 섭취해야 근육도 더 많이 생긴다는데 말이죠. 길거리에 한 집 건너 하나씩 고깃집이 있으니 언제든지 고기를 먹을 수도 있고요. 실제로 한국인의 육류 소비량이 아주 많이 늘어났어요. 그런데 한국뿐만 아니라 세계적으로 육류 소비가 빠르게 증가하면서 기후변화가 더 심각해지고 있습니다. 육류를 생산하는 과정에서 온실가스가 배출되기 때문이에요.

소를 키우기 위해서는 농장이 필요하고, 소가 먹을 사료를 만들 곡물도 경작해야 해요. 육류 소비가 세계적으로 증가할수록 숲이나 농지였던 곳이 목축지나 사료용 곡물 경작지로 점점 더 많이 바뀌어야 합니다. 사막이나 빙하는 제외하고, 세

식품 1킬로그램당 온실가스 배출량

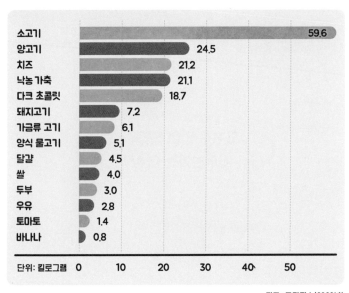

자료: 그린피스(2023년)

계에서 사람이 살 수 있는 전체 땅 중에 절반이 농지로 사용되고 있습니다. 그런데 그 농지 중 77퍼센트가 축산업에 사용됩니다. 가축들이 늘어날수록 곡물 사료도 늘어나야겠지요? 전세계에서 생산되는 곡물 중 30퍼센트 정도가 축산업에서 가축의 사료로 사용되고 있습니다. 지구 동식물의 10퍼센트 이상이 서식하는 '생명 다양성의 보고', 아마존이 불태워지는 이유도 우리가 먹을 고기를 생산하기 위해서입니다.

온실가스를 흡수하는 열대우림이 사라지고, 소·돼지·양 등 가축의 배설물에서 온실가스인 메탄이 발생하니, 육류 소비량이 증가하면 기후변화가 더 심해질 수밖에 없습니다. 농업·축산업과 관련해 배출되는 온실가스가 세계 온실가스 배출량의 3분의 1을 차지합니다. 그런데 그중 57퍼센트는 고기를 생산하고 소비하는 과정에서 발생합니다. 특히 소고기는 온실가스를 가장 많이 내뿜는데, 소고기 1킬로그램이 배출하는 온실가스는 59.6킬로그램으로 양고기(24.5킬로그램)와 돼지고기(7.2킬로그램), 닭고기(6.1킬로그램)보다 두 배에서 열 배가량 많습니다.

(오징어도 없고, 명태도 실종)

우리나라는 삼면이 바다라서 싱싱한 해산물을 마음 놓고 먹을 수 있어요. 한국은 1인당 수산물 소비량이 세계에서 가장 많은 나라입니다. 그만큼 마음 놓고 충분히 먹고 있다는 이야기지요. 그런데 지구온난화로 바다 온도가 상승하면서 우리 식탁에서 흔히 보이던 해산물이 귀해지고 있습니다. 특히 최근에는 동해에서 오징어가 잡히지 않으면서 오징어 가격이 폭등했어요.

전 세계 해수면 온도가 해마다 최고 기록을 갈아 치우고 있습니다. 점점 뜨거워지는 지구의 열을 바다가 흡수하고 있기 때문이에요. 지구 면적의 약 70퍼센트를 차지하는 바다는 육지와 대기의 과잉된 열의 90퍼센트, 이산화탄소의 30퍼센트 이상을 흡수합니다. 바다가 지구온난화를 막아주고 있었던 셈이지요. 그런데 이제는 지구의 온도를 관리해 주던 바다까지도 뜨거워지고 있습니다.

특히 우리나라의 해수 온도는 전 세계 평균보다 2.5배나 더 빨리 올라가고 있습니다. 우리 식탁에서 오징어가 사라지고 있는 이유이지요. 온난화로 따뜻해진 남쪽의 바닷물이 동해로 계속 들어오면서 여름철 수온이 30도를 넘어서기도 했습니다. 오징어가 살기에 적정한 수온(15~20도)을 넘어서니 오징어는 시원한 곳을 찾아 더 북쪽으로 이동할 수밖에 없겠지요.

오징어뿐만 아니라, '국민 생선'이라 불리던 국산 명태는 이미 사라진 지 오래됐습니다. 과거에는 잡은 명태가 산더미처럼 쌓여 있다고 해서 '산태'로 불렸는데, 명태는 이제 '금태'로 불립니다. 명태는 대표적인 한류성 어종으로 적정 서식 수온이 10도 이하예요. 그러니 오징어보다 먼저 동해를 떠난 것이지요. 동해안 해역에서 잘 잡히던 한류성 어종인 꽁치도 이제는 희귀 생선이 되었습니다. 반면에 난류성 어종인 갈치와 고등어 등이 늘어나면서 '한반도 어장 지도'가 바뀌고 있습니다.

(텅 비어가는 우리의 밥상)

우리가 먹는 생선은 사실 자연산보다는 양식장에서 기른 게 더 많습니다. 바다에서 잡은 수산물보다 바다에서 기른 수산물을 훨씬 더 많이 먹는다는 얘기입니다. 그런데 가까운 바다에 가두리를 만들어 수산물을 키우는 양식장은 고온에 특히 더 취약할 수밖에 없습니다. 양식장의 수온이 평소보다 더 뜨거워지면 양식 생물이 적응하지 못해 집단 폐사할 수 있기 때문입니다.

한국인이 좋아하는 해조류(김, 미역 등)도 앞으로는 쉽게 먹지 못할 수 있습니다. 다른 반찬 없이도, 뜨끈한 흰 쌀밥에 맛있게 싸 먹을 수 있는 김은 한국인의 밥상에서 빠질 수 없는 국민 반찬입니다. 그런데 김 가격이 크게 오르면서 '김은 오늘이 제일 싸다'는 말이 나오기도 했습니다. 가성비 반찬으로 식탁을 지키던 김이 왜 '비싼 몸'이 된 걸까요? 고소하면서 영양가 높은 한국 김은 '슈퍼 푸드'로 주목받으며 해외 입맛까지 사로잡았습니다. 국내 소비뿐만 아니라 수출까지 해야 하는 만큼 김을 많이 생산해야 하겠지요. 그런데 기후변화로 인해 점점 더 김을 수확하기가 어려워지고 있어요.

김은 수온이 10도 정도로 유지돼야 잘 자랍니다. 그래서 9월쯤에 김 종자를 심어서 겨울철에 수확하지요. 그런데 바다가 점점 더 따뜻해지면서 국내 바다에서 김을 양식하기가 어려워지고 있습니다. 이대로라면 국내 바다에서 김 생산이 불가능해져 김 양식장을 해외로 옮겨야 한다는 이야기까지 나오고 있어요. 한국 다음으로 김을 많이 생산하는 일본도 마찬가지로 바다 온도가 상승하면서 김 생산량이 빠르게 줄어들고 있습니다.

(먹을거리 위기를 해결하는 방법)

이런 위기를 해결하려면 먹지 않고 버리는 음식물을 줄여야 합니다. 전 세계 쓰레기 가운데 44퍼센트가 음식물이거든요. 생산된 식량의 3분의 1에 해당하는 양입니다. 우리가 먹다가 버린 밥과 반찬, 국물을 생각해 보세요. 만약 그 음식이 버려지지 않았다면 기아에 시달리는 8억 명이 먹을 수 있었습니다.

버려지는 음식물도 문제지만 과도한 육식도 문제입니다. 유엔 식량농업기구(FAO)는 기후변화를 막기 위해서는 부유한 국가들이 육류 과소비를 줄여야 한다고 권고합니다. 우리나라 국민의 연간 1인당 육류 소비량은 돼지고기 31킬로그램, 닭고기 18킬로그램, 소고기 13킬로그램에 달합니다. 이게 어느 정도냐고요? 아시아 국가 중에서 1위에 해당하는 수치입니다.

만약 이 세상의 모든 사람이 우리처럼 고기를 먹는다면 어떻게 될까요? 노르웨이의 비영리단체 잇(EAT)이 발표한 자료를 보면, 지구에서 모든 사람이 현재 한국인처럼 음식을 소비할 경우 2050년에는 해당 분량의 음식을 생산하기 위해 지구가 2.3개나 필요하다고 합니다. 이처럼 우리나라는 음식 소비로 인한 1인당 온실가스 배출량이 지구가 감당할 수 있는 한계를 넘었고, 붉은 고기 소비량이 적정량의 세 배에 이릅니다.

영국 옥스퍼드대학 연구팀에 따르면, 고기를 하루 100그램 이상 먹는 사람이 식사 때 배출하는 온실가스의 양은 우유·달걀도 먹지 않는 완전 채식주의자(Vegan, 비건)가 배출하는 온실가스양의 네 배에 이릅니다. 고기를 많이 먹는 사람과 적게 먹는 사람 사이에도 온실가스 배출량이 두 배 정도 차이가 난다고 합니다. 고기를 덜 먹는 게 지구와 우리를 위하는 길이겠죠?

기후위기의 영향으로 세계 식료품 시장에서 공급 불안이 계속되면서 주요 수출국들이 수출문을 걸어 잠그는 일이 흔해지고 있습니다. 그런데 한국은 쌀 말고는 대부분 농산물을 수입에 의존하고 있어요. 식량자급률을 높일 대책이 필요합니다. 우리의 농촌은 점점 작아지고 나이 들어가고 있습니다. 농가 인구와 농산물의 재배 면적은 점차 줄어들고 농가의 65세 이상 인구 비율은 늘어나고 있습니다. 우리 농산물의 생산 기반이 약해진다는 의미입니다. 기후변화로 각 농수산물 재배 지역도 빠르게 바뀌고 있습니다. 그런데 사과 과수원을 하루아침에 귤 농장으로 바꾸기는 어렵습니다.

우리가 매일 먹는 음식의 질과 양, 가격은 우리나라 농어촌과 농어업의 사정에 따라 크게 달라집니다. 먹을거리가 지역에서 안정적으로 생산될 수 있도록 함께 노력해야 합니다. 온실가스를 배출하는 해외 수입 농수산물보다는 가까운 지역에서 생산한 먹을거리와 제철에 수확하는 채소, 과일을 소비하는 것이 중요합니다.

기후플레이션,
금배추와 금과일, 금채소…

이상기후로 인해 농수산물 생산량이 줄어들면서 전 세계적으로 농수산물 가격이 크게 상승하는 '기후플레이션(Climateflation)'이 일상화되고 있습니다. 기후플레이션은 기후(climate)와 고물가(inflation)를 합친 말입니다. 히트플레이션(Heatflation)이라는 말도 새로 생겼습니다. 히트플레이션은 열을 의미하는 '히트(heat)'와 '인플레이션(inflation)'의 합성어로, 폭염으로 인해 식량 가격이 급등하는 현상을 말합니다. 농업(agriculture)과 인플레이션(inflation)을 합해 만든 애그플레이션(Agflation)이라는 말은 농산물 가격이 지속적으로 오르는 현상을 말하고요.

기후변화로 인해 농수산물 가격이 크게 오르는 만큼 이런 말들이 생기는 겁니다. 먹거리 가격이 크게 오르면 어떻게 될까요? 먹는 데 쓰는 지출을 줄일 수밖에 없습니다. 먹고 싶은 걸 덜 먹거나 못 먹을 수 있다는 거예요. 우리에게는 먹고 싶은 걸 조금 참으면 되는 비교적 가벼운 문제일 수 있어요. 하지만 기온 상승으로 인해 여러 지역에서 폭염과 홍수, 가뭄 등 기후재난이 자주 발생해 저소득 국가의 식량이 이미 부족한 상황이라는 건 큰 문제입니다. 세계 인구의 9퍼센트에 해당하는 약 7억 4000만 명이 기아에 시달리고 있고, 세계 인구 37퍼센트에 달하는 30억 명 이상이 건강한 음식을 먹지 못하고 있습니다.

화석연료,
값이 싸다는 건 우리의 착각

화석연료 중 하나인 석탄은 전 세계적으로 오염을 많이 일으키는 에너지원 중 하나입니다. 많은 선진국이 석탄 발전소를 폐쇄하고 재생에너지로 전환하고 있지만, 가난한 나라들은 여전히 석탄에 의존할 수밖에 없는 상황입니다. 이는 에너지 전환 과정에서 기후정의 문제를 드러냅니다.

인도네시아는 전 세계에서 대량의 석탄을 수출하는 국가 중 하나이며, 전력의 약 60퍼센트를 석탄 발전소에서 생산합니다. 석탄은 전 세계적으로 풍부하게 매장되어 있어 쉽게 구할 수 있는 에너지원입니다. 특히 인도, 중국, 인도네시아, 미국 등은 석탄을 많이 생산하고 수출하는 주요 국가들이에요. 석탄 채굴은 기술적으로 복잡하지 않고, 채굴 비용도 상대적으로 저렴합니다. 고체 연료이기 때문에 저장과 운송이 상대적으로 쉬워 추가 비용이 적게 들죠. 그래서 개발도상국은 석탄 발전소로 에너지를 얻고 있습니다. 하지만 석탄이 정말 저렴한 에너지원인지는 생각해 볼 필요가 있습니다.

인도네시아 찔레곤(Cilegon)은 인도네시아 자바섬 서부에 있는 산업도시입니다. 자바섬의 전력 수요를 맞추기 위해 찔레곤에는 여러 대형 석탄 발전소가 건설됐습니다. 찔레곤은 해안가에 있는 도시라서 석탄 수입과 운반이 쉽다 보니 석탄 발전소들이 집중된 것이죠. 하지만 찔레곤 발전소 주변 지역에 사는 사람들의 호흡기 질환과 폐 질환 발생률이 다른 지역보다 두 배 이상 높다는 사실이 밝혀지면서 논란이 됐습니다. 특히 어린이의 천식 발병률은 다른 지역에 비해 세 배 이상 높다고 해요.

석탄은 연소하는 과정에서 황산화물(SO_2), 질소산화물(NO_X), 그리고 미세먼지(PM 2.5) 같은 오염 물질을 대량으로 배출합니다. 이러면 발전소 주변 대기는 심각하게 오염되어, 지역 주민들이 깨끗한 공기를 마실 수 없게 되죠. 게다가 석탄을 태우고 남은 석탄재와 폐수가 제대로 처리되지 않으면 인근 바다와 강으로 흘러

갑니다. 찔레곤 주민들은 깨끗한 식수를 구하기 어렵게 되죠. 물론 해양 생태계가 파괴되면서 어업에 의존하던 지역 주민들의 생계도 타격을 받았습니다. 그렇다고 석탄 발전소를 당장 폐쇄할 수도 없습니다. 이곳의 발전소는 주민들의 주요 일자리이기도 하거든요. 주민들의 생계가 달렸기에 찔레곤 주민들은 석탄 발전소를 쉽게 포기하기 어렵습니다.

석탄 발전소는 온실가스를 다량 배출해 기후변화를 악화시키지만, 이를 복구하기 위해 드는 비용은 발전 비용에 포함되지 않습니다. 찔레곤 주민들의 사례처럼 석탄 발전소는 건강에 해를 끼쳐 의료비를 상승시키고 생명을 위협하지만, 이 역시 석탄 발전 비용에서 빠져 있습니다. 석탄 채굴 과정에서 발생하는 산림 파괴, 수질오염, 토양오염의 복구 비용도 발전 비용에 포함되지 않고요.

선진국들은 산업혁명 이후 석탄을 대규모로 사용해 경제를 발전시켰지만, 지금은 재생에너지로 전환하며 자신들의 환경오염 문제를 해결하고 있습니다. 반면 인도네시아와 같은 개발도상국은 여전히 석탄에 의존해 경제를 유지해야 하는 상황에 놓여 있습니다. 선진국은 재생에너지로 전환하면서 남는 석탄을 개발도상 국으로 수출하기도 합니다. 유럽연합이 1990년 이후 석탄 사용량을 50퍼센트 이상 줄이는 동안 개발도상국 은 유럽연합으로부터 석탄을 더 많이 구매했습니다.

석탄 발전이 오히려 더 비싸고, 사람들의 생명까지 위협하니까 재생에너지로 전환해야 한다는 생각이 들 죠? 하지만 쉽지 않습니다. 이미 있는 석탄 발전소를 줄이고 재생에너지로 전환하는 비용은 개발도상국에 상당한 재정적 부담이 됩니다. 태양광 패널, 풍력 터빈 같은 기술, 설비는 상대적으로 비싸고, 이를 설치하고 유지할 비용도 만만치 않기 때문입니다. 그리고 에너 지 전환 과정에서 석탄 발전으로 살아온 주민들을 위 해 재취업 기회도 제공해야 하는데, 역시 쉽지 않습니 다. 국제적 지원이 없다면 개발도상국은 석탄 발전에 서 벗어날 수 없습니다.

선진국은 개발도상국이 석탄 발전에서 벗어나 재생 에너지로 전환할 수 있도록 더 많은 재정 지원을 해야 합니다. 실제로 2021년, 유럽연합과 미국은 남아프리 카공화국에 약 85억 달러의 에너지 전환 기금을 제공 하기로 했습니다. 기금만이 아니라 태양광, 풍력 등 재생에너지 기술을 공유해 개발도상국이 경제적으로 지속 가능한 에너지를 사용할 수 있도록 도와야 합니다. 초반에는 비용이 많이 들 수 있지만, 이는 결국 기후위기를 해결하고, 주민들의 건강을 지키며, 대기오염과 토양오염의 복구 비용을 줄입니다. 그리고 석탄 발전소 폐쇄로 인해 영향을 받는 노동자와 지역사회를 위한 재훈련 프로그램, 생계 지원을 포함한 정의로운 전환도 필요합니다.

5장

토양과 대기오염,
아픈 사람들이 점점
늘어나는 이유

기후위기가 건강에 미치는 직·간접적 영향

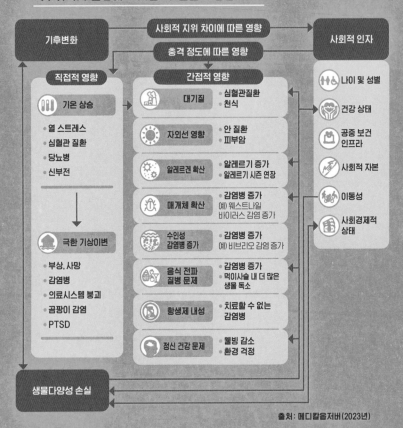

출처: 메디칼옵저버(2023년)

── 기후위기로 발생하는 기온 상승과 극단적 날씨로 인해 수인성 및 식품 매개 질병이 증가하고 있어요. 이로 인해 항생제 사용이 더 빈번해지며, 결과적으로 항생제 내성 문제도 심화됩니다. 예를 들어, 더운 날씨는 박테리아의 번식을 촉진시켜 감염률을 높이고, 이는 더 많은 항생제 사용으로 이어집니다. 항생제 내성 박테리아는 치료가 어렵고, 전염성이 강해 지역사회와 전 세계적으로 건강 위협을 가중시킬 수 있습니다. 기후변화와 항생제 내성 문제는 서로 밀접하게 연결되어 있기에 이에 대한 인식과 적절한 대응이 중요합니다.

●

Q 폭염, 홍수, 가뭄이 우리의 건강에도 직접적인 영향을 미치나요? 의학이나 과학이 계속 발전하니까 기후위기 가 건강에 문제를 일으켜도 해결되지 않을까요?

(공기 속에 담긴
1급 발암물질)

기후위기는 바로 지금도 인류의 건강에 큰 위협이 되고 있습 니다. 뜨거워진 지구가 직·간접적으로 건강에 악영향을 미치 기 때문입니다. 앞서 살펴봤듯 기후위기로 인한 기상재해는 폭염, 홍수, 가뭄 등으로 우리의 의식주를 위협합니다. 의식주 가 해결되지 않으면 사람들은 건강하게 살 수 없어요. 기후변 화로 인해 더 자주 더 강하게 발생하는 홍수나 태풍은 사람들 을 더 많이 다치게 하거나 죽게 할 수 있습니다. 우리나라에서는 최근 10년간 호우, 태풍 등 이상기후에 따른 재난으로 400명이 넘는 사람들이 죽거나 다쳤어요. 재산 피해도 4조 원에 달하죠. 호우나 태풍이 단기간에 피해를 주는 반면 가뭄은 장기간에 걸쳐 큰 피해를 줍니다. 가뭄이 오면 먹을 물이 줄어들고 농작물이나 가축에도 피해가 발생합니다. 장기간 계속되는 가뭄으로 식수와 음식물이 줄어들면 영양실조로 인한 건강 피해로 이어집니다.

앞서 언급한 기후 현상들은 한 계절에 집중되어 있어 잘 와닿지 않을 수 있어요. 그렇다면 미세먼지는 지구 평균기온이 오르면서 대기안정도가 증가해 오염물질이 지상에 갇힌 거예요. 그래서 지구온난화로 인한 대기오염과 밀접한 관련이 있죠. 미세먼지는 대기 중에 떠다니며 눈에 보이지 않을 정도로 작은 먼지를 말해요. 입자의 크기가 10마이크로미터 미만인 먼지를 미세먼지, 입자의 크기가 2.5마이크로미터 미만인 먼지는 초미세먼지라고 합니다. 얼마나 작냐 하면, 너무 작아서 우리 몸속 기관지 섬모나 코털, 눈썹 등에서 거를 수가 없다고 해요. 그러니 미세먼지는 사람이 숨을 쉬는 동안에 인체에 침투하기 쉽습니다.

그런데 이 미세먼지에 함유된 물질들을 분석했더니, 중금속 함유량이 아주 높다는 게 밝혀졌어요. 여기에 들어 있는 질산염(窒酸鹽)은 모두 물에 녹고 산화제나 화학비료로 쓰여요. 질산염 자체는 독성이 없지만 우리 몸속에서 산소를 공급하는 헤모글로빈이 산소와 결합하지 못하게 만들어 청색증을 유발한다고 합니다. 또 그 대사체들이 니트로사민과 같은 발암물질을 만들 가능성이 있다고 알려져 있어요. 이 외에도 미세먼지는 다양한 중금속, 실리콘 등 인체 건강에 악영향을 미치는 성분으로 이루어져 있죠. 그래서 세계보건기구(WHO)와 국제암연구소(IARC)에서는 미세먼지를 1급 발암물질로 지정했습니다. 심지어 "흡연보다 건강에 미치는 영향이 훨씬 크다"라고 발표했죠.

게다가 미세 '먼지'가 아니라 미세 '중금속'으로 부르는 게 맞지 않나 싶을 정도로 중금속 함유량이 높다고 해요. 이런 대기오염뿐 아니라 알레르기, 감염병 등도 간접적으로 인류 건강을 위협합니다. 오죽하면 세계보건기구가 "기후위기는 건강 위기이며, 긴급한 기후 행동이 필요한 이유는 미래가 아닌 현재의 건강에 영향을 미치기 때문"이라고 경고하겠어요.

매년 찾아오는 심각한 알레르기

한국도 그렇고 일본에서도 벚꽃이 피면 축제를 열어요. 드디어 봄이 왔다는 뜻이니까요. 그런데 어떤 사람들에게는 이 봄 소식이 반갑지만은 않습니다. 꽃이 핀다는 건 꽃가루가 날린다는 말이고, 또 그건 동시에, 계속되는 재채기와 코막힘으로 고생할 고단한 몇 주의 시작을 알리는 사건이니까요. 사실 꽃가루 알레르기는 한국인과 일본인뿐만이 아니라 전 세계 사람들이 한 번씩은 걸리는 질환입니다. 영국 국가보건서비스에 따르면 적어도 네 명 중 한 명이 걸린다고 해요.

그런데 일본은 그 규모가 다릅니다. 2019년 다학제일병원이 실시한 조사에 따르면, 일본의 1억 2300만 인구 중 꽃가루 알레르기 환자는 거의 40퍼센트에 달해요. 이들이 알레르기를 느끼는 강도는 서로 다르겠지만 어떤 형태로든 꽃가루 때문에 영향을 받고 있다고 조사됐어요. 이 정도면 일본 사람들이 특별히 알레르기에 약하다고 생각할 수도 있어요. 하지만 20년 전《재팬 타임즈》신문에 따르면 당시에 꽃가루 때문에 힘들어한 사람은 단지 20퍼센트(다섯 명 중 한 명)에 불과했다고 합니다. 일본에는 자작나무가 많아요. 이 나무는 워낙 잘 자라서 많이 심었죠. 그런데 꽃가루를 많이 날려 사람들에게 알레르기를 일으킨다는 단점이 있었던 거예요. 이 사실은 나중에 밝혀졌어요. 그런데 기후위기가 심해지면 자작나무뿐 아니라 많은 나무에서 꽃이 더 많이 자란다고 합니다. 꽃이 많이 자라면 꽃가루는 더더욱 많이 날리겠죠? 그러니 모든 원인을 자작나무 탓으로만 돌리기는 어렵습니다. 사람들이 알레르기로 고통받는 이유가 하나 더 있습니다. 바로 대기오염입니다. 일부 오염 물질 입자는 꽃가루와 결합하여 알레르기 원인을 더욱 강화하는 역할을 한다고 하네요.

(상처 때문에 죽을 수 있다고?)

세계경제포럼(WEF)은, 항생제 내성이 앞으로 세계 보건과 식량 안보 및 개발에 대한 가장 큰 위협으로 손꼽힌다고 밝혔습니다. 보건 의료 전문가들도 항생제 내성으로 기존 약품이 효과를 잃어 2050년까지 연간 천만 명이 사망할 것이라는 보고서를 공개한 적이 있어요. 기후변화와 환경오염이 항생제 내성의 주요 원인이라는 겁니다. 우리가 다치면 바르는 연고도 항생제이고, 감기에 걸려도 항생제를 처방받습니다. 그런데 기후위기 때문에 항생제가 안 들을 거라니 무척 걱정될 거예요.

항생제 발명은 그리 오래되지 않았습니다. 1928년 알렉산더 플레밍이 최초의 항생제인 페니실린을 발견했고, 1930년대에 항생제가 상업적으로 이용되기 시작했어요. 그런데 백년도 채 지나지 않은 지금, 일반적으로 사용되는 많은 약물이 더 이상 효과적이지 않은 상황이라고 하네요. 의학에서 항생제 발견은 혁신이었습니다. 역사 속 유명한 인물 중에도 항생제가 없어 상처 때문에 죽은 경우가 상당히 많았거든요.

이 보고서에서 전문가들은 항생제의 남용과 오용이 항생제에 내성이 있는 슈퍼버그를 확산시킨 주요한 요인이라고 말합니다. 항생제가 들지 않는 이유는 박테리아가 강력해졌기 때문이에요. 일부 박테리아 종이 슈퍼버그가 되어서 다양한 형태의 항생제에 대해 내성을 갖게 됐다는 설명이죠. 실제로 항생제 내성으로 2019년 한 해 동안 전 세계적으로 127만 명이 사망했다고 합니다.

하지만 여기엔 기후변화도 영향을 미치고 있습니다. UN의 보고서에 따르면 환경과 기후변화가 항생제 내성의 출현, 전파 및 확산에서 중대한 역할을 했다고 해요. 병원에서 처방받은 약이 남으면 어떻게 하죠? 대부분 가정용 쓰레기로 버릴 겁니다. 이런 의료, 의약품, 식품, 병원 폐수 또는 농업 유출수 등으로 인해 오염된 토양은 항생제와 내성 유기체를 모두 포함할 수 있다고 합니다. 이 문제를 우리 동네가 아니라 전 세계적 관점에서 본다면 생물다양성과 토양 건강에도 영향을 미칠 수 있어요. 강력한 슈퍼버그만 살아남으면 농작물은 어떻게 될까요? 기존의 농약으로는 식물이 잘 자라지 못하겠죠? 그러면 독성이 더 강한 약물을 개발해야 합니다. 사람만 항생제를 사용하는 게 아니에요. 실제로 전 세계적으로 사용되는 항생제의 양을 3으로 나누면 그중 2는 농업에 사용된다고 해요. 게다가 저수준 항생제는 질병을 예방하고 가축의 성장을 촉진하기 위해 건강한 동물에게도 장기간 투여하죠.

과학 잡지 《랜싯》(The Lancet)에 발표된 새로운 연구에 따르면, 항생제 내성과 대기오염 사이에 연관성이 있다고 합니다. 연구자들이 대기오염(PM 2.5)이 항생제 내성에 미칠 수 있는 영향을 연구한 결과, 대기오염 수준이 높을수록 항생제 내성 수준도 높은 것으로 분석됐다고 합니다.

전 세계가 최악의 상황인 건 아닙니다. 최근 몇 년간 유럽 농업에서의 항생제 사용은 급격히 감소했어요. 하지만 아직은 항생제 사용보다 저렴한 방법이 없고, 실행할 수 있는 대안이 부족한 탓에 유럽 외의 브라질, 중국 및 기타 신흥국가에서 계속 널리 사용하고 있는 상황이에요.

세계보건기구는 항생제 사용이 건강에만 영향을 끼치는 건 아니라고 말했어요. 기후위기를 그대로 두면 의료 비용의 증가로 인해 2400만 명이 추가로 극심한 빈곤층이 될 수 있다는 겁니다. 의료 비용 증가, 항생제 내성 확산에 따른 빈곤 증가 등이 세계경제에 영향을 미칠 것이라고 경고합니다.

〈 기후변화가 정신 건강까지 위협한다 〉

일상생활에서도 기온과 습도, 비나 바람과 같은 날씨의 변화가 기분에 영향을 줍니다. 하물며 폭염과 가뭄 그리고 홍수 같은, 기후변화에 따른 극단적인 기상이변을 겪게 되면 불안할 수밖에 없지요. 개인의 힘으로 해결하기 어려운 기후위기 앞에서 무력감이나 불안감을 느낄수 있습니다. 세계보건기구는 "기후변화는 정신 건강에 심각한 위협이 된다"라며 "빠르게 변하는 기후를 보면서 사람들은 두려움, 절망, 무력감 같은 감정을 강렬하게 경험한다"라고 설명합니다.

수해를 입은 분 중에는 장마가 시작되는 7월이 오면 심한 우울감에 빠지거나 평소와 달리 알코올 등에 의지하는 분도 있어요. 스페인에서는 폭염 기간 중 음주와 수면제 복용이 두 배 이상 늘어난 적이 있습니다. 게다가 폭염은 폭력이나 절도 같은 범죄율도 높인다고 해요.

2020년에 태어난 세대는 할아버지와 할머니 세대인 1960 년생보다 폭염을 12.3배나 더 많이 경험해야 한다고 합니다. 미국에서는 24~39세를 아우르는 밀레니얼세대의 71퍼센트 가 기후위기로 정신 건강이 나빠졌다고 응답했습니다. 주목 할 만한 부분은 18~23세인 Z세대의 78퍼센트가 기후위기 때문에 "아이를 갖지 않겠다"라고 답했다는 점입니다.

우리나라에서도, 2022년 조사 결과 기후변화가 건강에 영향을 미친다고 생각하는 사람이 95.5퍼센트나 됐습니다. 가장 심각한 건강 문제로 온열질환(65.6퍼센트)과 감염병(63.7퍼센트)을 꼽았고, 기후변화가 정신 질환에 영향을 끼친다고 답한 비율도 약 18퍼센트였습니다. 국내 구호단체의 조사 결과, 청소년의 88.4퍼센트가 기후변화가 일상에 미치는 영향이 걱정된다고 답했습니다. 여러분도 혹시 기후위기로 스트레스를 받고 있지는 않나요?

기후위기를 해결하기 위한 작은 실천이 정신 건강을 유지하는 데 도움이 될 수 있습니다. 기후위기에 가장 큰 영향을 받는 MZ세대가 이를 해결하기 위해서 가장 노력해야 합니다. 기후와 관련된 책을 읽고, 친구들과 이야기 나누고, 주변에 기후위기의 심각성을 전달하려고 노력하는 것이 불안감을 극복하고 기후위기와 기후우울증을 함께 해결하는 방법입니다.

. . .

Q 기후위기가 우리 건강에 심각한 영향을 미칠 거라곤 생각해 보지 못했어요. 그런데 자세히 들여다보면 기후위기가 사람에게 영향을 미치고, 또 동물과 식물에게도 큰 피해를 주는 것 같아요.

(코로나19와 같은
팬데믹의 재등장)

기후변화는 코로나19 바이러스와 같은 전염병이 발생하는데도 영향을 미칩니다. 코로나19 바이러스처럼 사람 사이에 전파가 되면 전염병, 직접 어떠한 매개를 통해 감염되면 감염병이라고 말합니다. 최근에는 야생동물 등이 바이러스를 옮기는 인수공통감염병이 늘어나면서 이에 대한 대응이 중요해지고 있습니다.

바이러스를 옮기는 매개체의 활동에 기후위기가 큰 영향을 끼칩니다. 모기는 곤충 매개 감염병을 유발하는 대표적인 매개체로 말라리아, 뎅기열, 일본뇌염, 지카 바이러스 감염병 등을 일으킵니다. 물론 보통 모기에게 물리면 약간 가려울 뿐이고, 모기라고 해서 모두 병을 옮기지는 않습니다. 하지만 모기가 바이러스와 세균을 가지고 있다면 얘기가 달라집니다.

말라리아는 학질모기가 옮기는 감염병으로, 대부분 열대 지역에서 발생하며 세계 인구의 40퍼센트인 20억 명이 해당 지역에서 생활하고 있습니다. 2021년 기준 세계적으로 연간 2억 5000만 명 정도가 감염되었고, 62만 명이 사망했습니다. 이 중 80퍼센트 가까이가 5세 미만의 어린이들이었어요.

그런데 지구 평균기온이 상승하면서 주로 열대 지역에 있던 모기의 서식지가 온대 지역으로 확장되고 있습니다. 온도가 1도 오르면 모기 유충의 성장 속도가 10퍼센트 증가하고, 2도 오르면 모기의 생존 가능성이 50퍼센트나 높아진다고 합니다. 이에 따라 말라리아 유행 지역도 열대 지역에서 고위도 지역으로 확대되고 있습니다.

세균, 바이러스 등에 오염된 물을 마시거나 음식을 섭취해

구토, 설사, 복통 등의 증상을 보이는 수인성 감염병이나 식품 매개 감염병도 기온과 강수량에 큰 영향을 받습니다. 기후변화로 인한 이상기후로 홍수나 가뭄이 들면 물이 오염돼요. 그러면 이 감염원들이 물 안에만 있지 않고 범람하면서 온갖 바이러스와 세균이 퍼지게 되는 겁니다.

인수공통감염병도 기후변화로 인해 증가할 수 있습니다. 기후변화로 야생동물의 서식지가 줄어들면서 야생동물과 인간이 접촉하는 일이 늘어나고 있기 때문입니다. 이에 따라 동물에게만 있던 바이러스들이 사람에게 감염될 가능성이 증가하고 있습니다. 코로나19 바이러스는 박쥐를 매개로 인간에게 전파된 인수공통감염병이었습니다. 이러한 바이러스들은 '신종' 바이러스인데, 기후변화로 인해 신종 바이러스가 다시 등장하고 전파된다면 코로나19 시기와 같은 팬데믹이 또 올 수도 있습니다.

(사람·동물·자연의 건강은 연결되어 있다)

건강한 자연환경은 건강한 사람과 건강한 사회에 필수적인 조건입니다. 자연환경은 인간에게 깨끗한 물과 공기, 식량과 약품 등 인간이 살아가는 데 꼭 필요한 것들을 제공합니다. 그런데 이러한 자연환경이 훼손되고 그 속에서 살아가는 생물들의 다양성이 파괴되면 어떻게 될까요? 코로나19는 자연에서 살아가던 야생생물과 인간의 관계를 돌아보게 하는 계기를 제공했습니다.

인구가 증가하고 개발지가 늘어나면서 자연 생태계는 더욱 교란되었습니다. 인간과 야생생물의 상호작용에 큰 변화가 생기면서 그동안 동물들 간에만 전파되던 동물 기인성 감염병이 인간에게도 전파되어 공중 보건을 위협하고 있습니다. 전 세계적인 기후변화는 생물다양성뿐 아니라 식량 안보와 식품 안전에도 영향을 주는데, 이 또한 인류의 공중 보건에 큰 위협이 되고 있습니다.

많은 질병이 인간과 인간의 접촉을 통해 전염됩니다. 하지만 코로나19와 같이 동물에서 인간으로 전파되는 질병도 있습니다. 이 질병은 인간이 자연환경을 훼손함으로써 야생의 자연과 인간의 접촉이 잦아지면서 본격적으로 확산하기 시작했습니다. 우리는 코로나19를 계기로 이러한 인수공통감염병이 발생하는 원인과 그 위험성을 알게 되었습니다.

세계적으로 대유행하는 인수공통감염병의 주원인으로 야생생물의 불법 거래가 꼽히기도 합니다. 이는 동물에서 기인한 감염병의 전파를 막기 위해서는 야생생물을 보호해야 할 뿐 아니라 우리의 먹는 문화의 변화와 야생생물 거래에 대한 관리도 필요하다는 의미입니다. 또한 교통이 발달하고 해외 출장과 해외여행을 자주 가면서 인간 간에 감염되는 바이러스도 과거보다 훨씬 빠르고 쉽게 세계 곳곳으로 퍼지게 됐습니다.

인류는 이렇게 질병에 더욱 취약해졌습니다. 이제는 인간과 다른 생물 및 자연의 건강이 각각 독립된 것이 아니라 서로 밀접히 연결되어 있다는 원헬스(One Health)를 염두에 두어야 합니다. 생물다양성의 의미와 자연 생태계 보호의 필요성에 대해 돌아볼 필요가 있습니다. 세계보건기구는 원헬스를 "사람과 동물, 생태계의 건강이 지속 가능하도록 균형을 유지하고 최적화하는 것을 목표로 하는 통합적인 접근 방식"으로 정의합니다. 이는 인간과 가축 그리고 야생 동식물, 더 나아가 생태계의 건강이 서로 밀접하게 연결되어 있으며 상호 의존적이라는 인식을 바탕으로 하고 있습니다.

우리는 무엇을 해야 할까요? 야생생물을 포획해 불법적으로 거래하는 행위를 금지해야 합니다. 이는 야생생물을 멸종 위기에서 보호하는 것뿐 아니라 인간의 건강을 안전하게 지키는 데도 중요합니다. 또한 야생생물의 서식지를 파괴하는 난개발을 멈추고, 환경을 많이 훼손하는 산업 활동도 중단해야 합니다. 무엇보다 자연이 인간에게 주는 혜택과 생물다양성의 가치를 제대로 이해하고, 인간과 자연이 조화를 이루며 살아가도록 자연환경의 보호와 복원을 위해 힘써야 합니다.

대기오염 물질,
뇌와 폐에 차곡차곡

기후변화와 대기오염은 밀접하게 연관됩니다. 겨울철에 집을 난방하고 자동차를 굴리며 발전소와 공장을 돌리는 석유, 석탄, 가스와 같은 화석연료가 기후변화를 일으키는 온실가스와 대기오염 물질을 만들어내기 때문입니다. 대기오염으로 매년 전 세계에서 700만 명이 사망한다고 하니 대기오염이 건강에 미치는 악영향이 크다는 것을 알 수 있습니다.

대기오염 물질에는 우리가 뉴스에서 많이 접하는 초미세먼지와 미세먼지, 황사뿐만 아니라 오존, 이산화질소, 일산화탄소, 아황산가스 등이 있습니다. 대표적인 대기오염 물질인 미세먼지는 초미세먼지(PM 2.5)와 미세먼지(PM 10)로 구분되는데, 미세먼지는 사람 머리카락 두께의 6분의 1에서 7분의 1, 초미세먼지는 20분의 1에서 30분의 1에 불과할 정도로 매우 작습니다. 이처럼 (초)미세먼지는 매우 작아서 흡입했을 때 기도에서 걸러내지 못합니다. 대부분 폐까지 침투하고 심장 질환과 호흡기 질환을 유발해 조기 사망률을 높입니다.

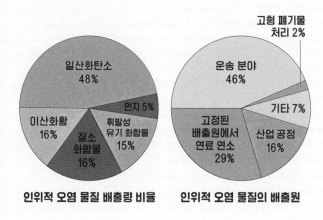

인위적 오염 물질 배출량 비율

- 일산화탄소 48%
- 먼지 5%
- 이산화황 16%
- 질소 화합물 16%
- 휘발성 유기 화합물 15%

인위적 오염 물질의 배출원

- 운송 분야 46%
- 고형 폐기물 처리 2%
- 기타 7%
- 산업 공정 16%
- 고정된 배출원에서 연료 연소 29%

대기오염은 기후변화 때문에 더 심해집니다. 기후변화로 가뭄이 계속되고 대기가 건조해지면서 발생하는 산불과 황사가 미세먼지를 포함한 오염 물질의 농도를 증가시키기 때문입니다. 숨을 쉬면서 대기오염 물질을 마시게 되면 오염 물질이 폐 깊숙이 침투해 폐 기능을 떨어뜨리고 염증과 알레르기, 호흡기 질환을 일으킵니다. 산불로 인해 발생한 화염과 열, 연기에 사람이 직접 노출되면 급성 호흡기 염증이 나타나며, 폐 질환 환자라면 병이 악화될 위험이 큽니다. 폭염으로 땅이 메마르면, 땅의 흙과 먼지가 공기 중으로 올라오면서 대기 질이 나빠지고, 황사 등 대기오염 물질이 증가해 호흡기에 악영향을 미치며, 사망 위험까지 높입니다.

대기오염 물질인 이산화질소(NO_2)와 휘발성 유기화합물(VOCs)이 자외선과 반응할 때 생성되는 오존(O_3)은 기온에 비례해 발생량이 증가하며 역시나 다양한 호흡기 질환을 유발합니다. 반복적으로 노출되면 폐에 피해가 갈 수 있어요. 오존은 가슴 통증, 기침, 메스꺼움 등을 유발하고 소화에도 영향을 미치며 심하면 기관지염, 심장 질환, 폐기종, 천식의 악화를 가져올 수 있습니다. 특히, 호흡기 및 심장 질환자, 노약자, 어린이들에게 미치는 영향이 크기 때문에 오존 농도가 증가하면 외출을 자제하는 등 주의해야 합니다.

폭염, 자연현상이 드러낸 불평등의 진실

1995년 여름, 미국의 시카고에서 매우 심각한 폭염이 일어났습니다. 7월 12일부터 7월 17일까지 낮 최고 기온이 40도에 달했고, 체감 온도는 52도로 기록됐습니다. 보통 밤에는 기온이 내려가야 사람들이 몸을 식힐 수 있는데, 시카고는 밤에도 너무 더웠습니다. 이런 상황에서 많은 사람이 더위로 인해 탈수, 열사병 같은 문제를 겪어야만 했습니다. 창문을 열지 못한 사람들이 열에 갇혀 사망한 사례도 많았습니다. 폭염이 끝난 후 추산한 사망자는 대략 739명, 7월 15일에는 폭염 관련 환자가 급증하여 의료 시스템이 무너졌고, 사망자 시신을 냉동 트럭에 임시로 보관할 정도였습니다.

시카고 폭염으로 사망한 사람들은 주로 혼자 사는 할머니, 할아버지와 저소득층, 아프리카계와 라틴계 사람이었습니다. 이들은 에어컨이 없거나 혹여 있더라도 전기 요금이 비싸서 쓰지 못했습니다. 특히 혼자 사는 어르신은 이웃이나 가족과 연락이 없어 적절한 때에 도움을 받지 못했습니다. 또한 저소득층의 주거 환경도 이들의 사망률을 높이는 원인이었습니다. 이들의 거주지에는 공원보다 아스팔트와 콘크리트가 많았습니다. 녹지가 없는 환경은 열을 완화하지 못해, 밤에도 높은 기온이 유지됩니다. 게다가 이들의 주거 공간은 제대로 단열이 되지 않아 마치 찜통처럼 변했습니다. 여기에 폭염을 피할 수 있는 공공 냉방 시설도 없었습니다.

폭염 피해는 기후변화에 따른 결과이자 환경 불평등과 사회적 불평등의 결과이기도 합니다. 시카고 폭염 때도 부유한 사람들은 에어컨을 사용했고, 주변 지역은 공원과 녹지가 있어 상대적으로 덜 더웠습니다. 이는 기후위기가 기존의 불평등을 더 심화하는 예시로, 기후정의의 문제를 여실히 드러냅니다.

이후 시카고시는 폭염 대비 계획을 강화했습니다. 공공 냉방 센터를 확대 설치하고, 폭염경보 시 주민들에게 정보를 더 적극적으로 제공하도록 했습니다. 독거노인 점검 프로그램을 확장했고, 사회복지 네트워크를 통해 폭염 기간에 고립된 주민들을 방문하는 정책을 도입했습니다. 시카고 폭염은 도시의 열섬 효과와 기후위기가 인간의 생명을 위협할 수 있다는 것을 보여줬습니다. 이를 계기로 전 세계 도시에서 폭염 대응책을 재검토하기 시작했습니다.

로스앤젤레스시에서는 폭염 피해를 줄이기 위해 '쿨 스트리트 프로젝트'를 진행했습니다. 도로를 밝은색으로 칠하고 녹지를 확대해 기온을 낮추는 데 성공했습니다. 현재 프랑스의 파리시에서는 폭염이 발생하면 공공 냉방 센터를 개방해 기후위기에 취약한 사람들을 보호하고 있습니다. 하지만 공공 냉방 센터만으로는 부족합니다. 저소득층에게 에어컨을 보급해야 합니다. 시카고 폭염 사망자의 집에 에어컨이 있었고, 그걸 사용했더라면 그중 다수는 충분히 생존할 수 있었습니다. 이들에게 보조금을 지원해 폭염 기간에 에어컨을 활용할 수 있게 해야 합니다. 건물의 설계도 단열과 환기가 잘 되도록 개선해야겠죠? 이런 제도적 지원과 함께 우리의 관심도 필요합니다. 어려울 때 이웃이나 가족이 서로 돕는다면 폭염으로 인한 피해도 줄일 수 있을 겁니다.

이 사건은 우리가 기후위기를 생각할 때, 폭염이나 폭우, 산불 같은 자연현상을 해결하는 것에 집중하면서 동시에 도시의 구조와 사회적 불평등까지 고려해야 한다는 걸 잘 보여줍니다. 시카고 폭염은 기후위기가 닥쳤을 때, 가장 피해를 많이 입는 사람들이 누구인지 모두에게 말해준 사건입니다. 이를 통해 기후정의는 이러한 불평등을 해소하고, 모든 사람이 공평하게 시원하고 안전한 환경에서 살 수 있도록 하는 데서 출발한다는 것을 알 수 있습니다.

앞으로 집이
가장 위험한 공간이
된다고?

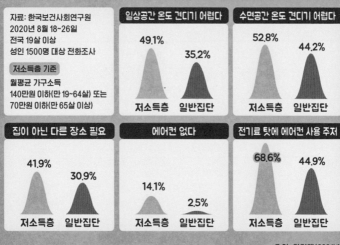

폭염 민감계층 실태조사

자료: 한국보건사회연구원
2020년 8월 18~26일
전국 19살 이상
성인 1500명 대상 전화조사

저소득층 기준
월평균 가구소득
140만원 이하(만 19~64살) 또는
70만원 이하(만 65살 이상)

일상공간 온도 견디기 어렵다
49.1%
35.2%
저소득층 일반집단

수면공간 온도 견디기 어렵다
52.8%
44.2%
저소득층 일반집단

집이 아닌 다른 장소 필요
41.9%
30.9%
저소득층 일반집단

에어컨 없다
14.1%
2.5%
저소득층 일반집단

전기료 탓에 에어컨 사용 주저
68.6%
44.9%
저소득층 일반집단

출처: 한겨레(2021년)

―――― 기후변화가 삶의 질에 미치는 영향은 차별적입니다. 저소득층의 경우 일상생활 공간의 온도를 견디기 어렵다는 응답은 절반 가까운 49.1퍼센트였습니다. 또한 대략 절반 이상이 수면 공간의 온도를 견디기 어렵다고 답했습니다. 에어컨이 있지만 전기요금 때문에 충분히 이용하지 못한다는 응답도 68.6퍼센트임을 알 수 있습니다. 기후변화에 대비하려면 단기적으로는 에너지 지원이 필요하고, 장기적으로는 모두가 극심한 기후변화를 잘 대응할 수 있도록 주거 환경의 개선이 이루어져야 합니다. 주거권과 기후위기의 관계를 살펴볼까요?

Q 서울에 살던 한 가족이 폭우 때문에 사망했다는 이야기를 들은 적 있어요. 우리가 마음 편히 살아야 하는 집에서 비 때문에 사람이 죽을 수 있다는 게 충격적이었어요. 아파트 지하 주차장이 침수되어서 사람이 죽는 사고도 있었잖아요. 이렇게 집 안에서 재난을 겪는 일이 점점 많아지는 것 같아요. 천재지변이니까 이대로 그냥 있어야 할까요?

(만약 집이 더 이상 안전하지 않다면)

여러분에게 집은 어떤 의미인가요? 집은 비바람, 더위, 추위를 피할 수 있는 건물이자 외부 세상으로부터 나와 우리 가족을 지켜주는 가장 편안한 안식처입니다. 집은 기후변화 등 외부 환경으로부터 가족의 생명과 재산을 보호해 주는 공간이

지요. 또 가족 간에 사랑과 믿음을 나누고, 가족이 함께 모여서 즐겁게 지낼 수 있는 장소이고요. 그래서 집은 폭우와 태풍, 폭염, 한파 등이 오더라도 안전하게 건물이 튼튼해야 하고 냉난방 시설 등을 잘 갖추고 있어야 합니다. 여러분의 집은 어떤가요? 기후위기에도 무사히 지낼 수 있는 곳인가요?

최근 우리나라에서는 폭우와 폭염 등 기후재난으로 인한 피해가 끊이질 않고 있어요. 기후위기가 심각해질수록 반지하와 옥탑 등 열악한 주택에 사는 사람들이 특히 더 큰 피해를 겪고 있습니다. 반지하는 비가 많이 오면 집이 물에 잠길 수 있고, 옥탑은 무더운 여름에 햇빛을 바로 받기 때문에 폭염에 대비하기 어렵기 때문이지요. 2020년 12월에는 경기도 포천시의 비닐하우스에서 살던 여성 이주노동자가 겨울철 한파로 사망했어요. 2021년 7월에는 서울 서대문구의 옥탑방에서 혼자 살던 장애인이 폭염으로 사망했고요. 2022년 여름에는 서울 관악구와 동작구에서 반지하에 살던 네 명이 폭우에 따른 침수 피해로 사망했습니다. 가장 안전해야 할 집이 기후재난 상황에서 흉기가 되어 생명을 앗아간 것이지요.

이처럼 기후위기에 취약한 곳, 쪽방과 고시원 등 주택이라 하기 어려운 곳에 사는 가구는 45만 명. 여기에 옥상이나 지하에 거주하는 가구와 최저 주거 기준에 미달하는 가구까지 더하면 주거 빈곤 가구는 무려 176만 명에 달합니다. 침수 피해를 겪은 주택이 2022년에만 해도 3만 가구가 넘는다고 하니 일부만의 문제가 아닙니다. 이 중 절반 이상이 서울에 있는 주택의 침수 피해였어요. 또 2022년 모든 재난 피해 가구 중 '거주시설 피해'가 80퍼센트를 넘을 만큼 기후위기는 우리가 사는 집을 위협하고 있습니다.

놀이터도 없고, 여성과 아이들에게 위험한 거주지

인간에게 적합한 주거 공간을 전혀 보장받지 못하는 주거 빈곤층이 세계적으로도 11억 명에 달한다고 해요. 2023년 유엔이 발표한 자료에 따르면, 전 세계 인구가 83억 명이니까 대략 일고여덟 명 중 한 사람은 사람이 살 수 없는 곳에서 산다는 거죠. 그들의 80퍼센트인 8억 8000명은 아시아(동남아시아, 남아시아)나 아프리카(사하라 이남)에 몰려 있다고 해요.

2020년 기준, 열악한 주거 환경에서 사는 이들의 비율이 가장 높은 나라는 앙골라예요. 전체 국민 열 명 중 네 명은 우리나라의 원두막 같은 곳에서 살아요. 지붕과 누울 곳만 있고 벽이 없는 거죠. 아시아에서는 파키스탄(20.8퍼센트), 방글라데시(19.8퍼센트), 아프가니스탄(19.1퍼센트)도 주거 빈곤층이 많은 나라로 꼽혔어요. 먼저 주거 빈곤층이 거주하는 공간에는 놀이터가 없어요. 우리는 집마다 화장실이 있는 게 익숙하지만 그들에겐 화장실도 공용입니다. 부엌, 침실, 거실이 분리되지 않아 방에서 목욕하고 밥 지어 먹은 후 설거지를 마치는 거죠.

집은 원래 우리의 기본적인 안전을 보장해 주는 곳입니다. 그래서 사생활이라는 게 있어요. 타인과 분리되어 나 혹은 가족들만의 평안을 보장받는 건 인간의 권리예요. 그런데 집에 벽도 없고, 벽이 있다 해도 일상을 한 공간에서 보내야 한다면 가족 간에도 필요한 사생활이 사라지겠죠. 가족은 그렇다 하더라도 주거 환경이 이만큼 열악하면 안전이 보장될 수 없습니다. 특히 여성이나 아이들, 어르신들에겐 정말 위험한 곳이 되는 거죠.

도시로 사람들이 몰려들고 기후변화가 심각해지면서 전 세계적으로 주거 빈곤층의 규모도 갈수록 커지고 있습니다. 서울과 같은 대도시로 사람들이 몰리게 되면 주택이 부족해져요. 사람들이 살기에 적절하지 않은 집들이 늘어나게 되지요. 아프리카 시에라리온의 수도 프리타운은 도시화와 함께 주거 빈곤층이 급속도로 증가한 대표 사례로 꼽힙니다. 프리타운 전체 주민 120만 명 가운데 60퍼센트가 홍수·화재·산사태 위험이 큰 땅에 마구잡이로 집을 짓고 살고 있다고 해요. 이런 위태로운 주거지가 확산하면서 2017년에는 산사태로 천 명 이상이 숨지는 비극도 발생했습니다. 유엔은 2050년까지 주거 빈곤층이 30억 명에 이를 거라는 암울한 전망을 내놓았습니다.

(파괴적인 재난이 반복될수록 위험으로 내몰려)

우리는 이제까지 경제개발 때문에 사람들이 거주하는 곳을 도시로 만드는 데 집중했어요. 그렇지만 도시가 만들어져도 그곳에서 쫓겨난 사람들은 갈 곳이 없어요. 이것도 무척 위험한데, 세계 곳곳에서 기후재난이 자주 발생하면서 집과 고향을 잃은 채 이주해야 하는 기후난민도 대규모로 발생하고 있습니다. 2022년에는 전 세계에서 기후 관련 재난으로 약 3185만 명이 강제로 이주해야 했어요. 실제로는 세계의 강제 이주 인구 가운데 절반 이상이 기후 관련 재난 때문에 발생했습니다. 기후재난 중에서는 홍수(1922만 명), 폭풍(998만 명), 가뭄(222만 명) 순으로 이주 인구가 많았고, 아시아 국가 중에서는 파키스탄(817만 명), 필리핀(545만 명), 중국(363만 명),

인도(250만 명) 등에서 많은 사람이 기후재난으로 집을 떠나야 했습니다.

확실히 경제적으로 성장하지 못한 곳에서 기후위기로 인한 피해를 주로 받는 듯해요. 하지만 기후위기로 집이 위협받는 일은, 주택 및 사회 기반 시설이 충분히 보급되지 못한 국가뿐 아니라, 경제 수준이 높은 국가에서도 광범위하게 나타나고 있어요. 2017년 미국 텍사스주에서는 허리케인 하비 때문에 휴스턴, 해리슨 카운티에서 주택 30만 채 이상이 손상됐습니다. 많은 사망자 중에는 어린이와 청소년도 무척 많았습니다. 주택이 그렇게 손상될 정도라면 허리케인이 얼마나 강했는지 충분히 짐작할 수 있을 거예요.

2019년부터 2020년까지 호주에서는 들불 대화재로 30명 이상이 사망하고 3000채 이상의 집이 사라졌어요. 2022년 7월 뉴질랜드 남섬 서부 해안에서 발생한 홍수로는 2000명 이상이 대피했고, 주택 500채 이상이 파손됐습니다. 2021년 유럽 중부에서 발생한 폭우·홍수로 독일에서 20조 원, 네덜란드에서는 3000억 원 상당의 주택 피해가 발생했습니다.

시간이 지날수록 기후위기로 인한 피해는 더 심각해지고 있어요. 2017년의 허리케인 이후, 미국 사람들이 뭔가 대비했을 것 같지만, 아닙니다. 2021년 미국에서는 주택의 약 10퍼센트가 자연재해의 영향을 받았고, 약 1450만 가구가 허리케인, 산불, 폭풍, 홍수 등 심각한 자연재해의 영향을 받았습니다. 특히 저소득층 임차인은 기상이변에 취약한 것으로 나타났어요. 최근 미국에서는 기후위기로 인한 위험을 주택 보험료에 반영하려는 움직임까지 나타나고 있다고 해요. 기후재난 위험 지역에 있는 주택은 연간 보험료가 약 1700만 원까지 올랐습니다. 그만큼 기후재난이 집에 큰 피해를 미칠 것으로 판단했다는 것이지요.

• • •

Q 기후위기로 이토록 많은 사람이 피해를 보는지 몰랐어요. 집을 잃은 사람들이 위험하게 살아가는 걸 그대로 두면 결국 모두에게 해가 될 것 같은데, 다른 방법이 없을까요?

(기후위기가 만든 사회경제적 격차)

기후위기와 자연재해는 주거권에 부정적인 영향을 미칩니다.

기후재난은 주택을 파괴하고 거주지를 잃게 합니다. 홍수, 태풍 및 폭풍, 해일 및 쓰나미, 산사태, 지진 등에 취약한 지역에 거주하거나 안전하지 않은 주택에 거주하는 사람은 기후재난에 취약할 수밖에 없겠죠. 물리적으로 적정하지 않은 주택에 거주하는 가구는 기후위기가 심각해질수록 집 안에서 더 많은 위험에 노출됩니다. 거동이 불편하거나 만성질환이 있는 노인, 경제적 지위가 낮거나 사회적으로 고립된 사람도 피해가 큽니다. 외벽 단열재가 부족하거나 침실이 지붕 바로 아래에 있거나 협소한 주거 공간에 거주하는 가구는 더위로 인한 건강 위협이 더 높을 수밖에 없습니다.

기후위기는 사회경제적 격차를 더 키우고 주거에 대한 권리에도 영향을 미칩니다. 저소득층은 소득이 적고, 에너지 효율이 낮은 집에 살다 보니 냉난방하는 데 더 많은 에너지를 소비할 수밖에 없습니다. 그러다 보면 전기와 가스 요금 부담이 늘어나게 됩니다. 겨울에는 '난방비 폭탄', 여름에는 '냉방비 폭탄'이라는 제목의 뉴스를 여러분도 본 적이 있죠? 겨울에 집을 따뜻하게 해주는 보일러는 가스로, 여름에 집을 시원하게 해주는 에어컨은 전기로 작동합니다. 한파와 폭염이 심해질수록 보일러와 에어컨을 많이 사용하게 되고, 가스 요금과 전기요금이 많이 나오겠지요. 저소득층 가구에 상대적으로 더 큰 부담이 될 수밖에 없습니다.

고소득층은 지역 내 안전한 주택으로 이사할 수 있겠지만, 저소득층은 피해 지역에 머물거나 다른 지역으로 이동할 수밖에 없겠지요. 앞서 언급한 2017년 미국 텍사스주 휴스턴시는 허리케인으로 지역의 3분의 1이 물에 잠기는 큰 피해를 겪었습니다. 주정부는 자가 가구의 주택 복구를 지원했는데, 주거 지원 대상에 임차 가구는 포함하지 않았습니다. 임차인들은 주정부를 상대로 차별적인 재난 대응 탓에 지역 주민의 주거 상황이 악화됐다며 소송을 제기하기도 했습니다.

(불안을 덜고 편안해지려면)

기후위기가 우리의 집을 위협할 수 있다는 사실을 이제는 알겠죠? 그런데 반대로 우리가 집에서 쓰는 에너지가 기후위기를 더 심화한다는 것을 알고 있나요? 무슨 소리냐고요? 앞에서 말한 것처럼 냉난방을 통해 적정 온도를 유지하고, 음식을 만들기 위해 취사하고, 조명이나 텔레비전, 컴퓨터와 스마트폰, 인터넷을 사용하는 등 일상적인 생활을 하기 위해서는 에너지가 꼭 필요합니다. 그런데 이런 모든 활동은 가스와 전기를 사용해야 가능하죠. 그런데 석유와 도시가스는 물론이고, 전기를 만들어내는 데 연료로 사용되는 석탄과 천연가스는 기후변화를 일으키는 온실가스를 배출합니다.

주거 부문은 전체 에너지 소비량의 약 20퍼센트를 차지하고, 주거 부문의 에너지는 주택의 건설이나 철거, 냉난방과 관련됩니다. 2019년 전 세계 온실가스 배출량의 약 17퍼센트는 주거용 건물에서 발생했어요. 또한 비주거용 건물과 건설 산업에서 발생하는 온실가스 배출량까지 모두 합하면 약 40퍼센트에 달한다고 해요. 그만큼 우리가 집이나 학교, 회사 건물에서 사용하는 에너지가 기후위기를 악화시키는 것이죠. 그런데 현재의 집이나 건물에서 에너지를 덜 쓰도록 단열재를 추가하거나 리모델링하지 않으면 냉난방 에너지 소비가 현재보다 세 배까지 증가할 것이라고 합니다.

주거 생활과 관련해 배출되는 온실가스양은 주택의 위치, 품질 및 성능에 따라 결정됩니다. 집의 위치가 거주자의 직장 및 학교 등에서 멀리 떨어져 있으면 교통수단을 더 많이 이용하면서 더 많은 온실가스를 배출하게 됩니다. 자동차와 버스, 전철 등 교통수단을 움직이는 데도 석유와 전기가 필요하기 때문이죠. 또 집이나 건물이 외부의 열을 잘 막아낼 수 있도록 튼튼하게 지어졌다면 그만큼 에너지 사용을 줄일 수 있을 겁니다.

 주거 부문의 온실가스 배출 저감 정책이 강조되고, 기후위기로 인한 주거권 위협 문제가 심각해지면서, 주거 부문의 '정의로운 전환(Just transition)'이 강조되고 있습니다. 2022년에 유엔 주거권 특별보고관은 유엔 인권이사회에 '정의로운 전환을 향하여: 기후위기와 주거에 대한 권리'라는 제목의 보고서를 제출했어요. 보고서는 주택에서의 온실가스 저감과 에너지 효율화 개선뿐 아니라 기후위기 영향에 가장 심각하게 노출되는 취약계층에 대한 지원이 필수적이라고 강조했습니다.

 반복되는 기후재난에도 불구하고 재난으로 집을 잃은 피해자들에 대한 즉각적인 임시 주거지 제공과 대체 주거지 마련을 위한 지원은 매우 부족한 상황입니다. 2022년 관악구와 동작구에서 대규모 침수 피해가 발생했음에도 공공 임대주택으로 이주한 가구는 거의 없었어요. 재난 피해 가구 중 65.4퍼센트는 아직 주거 환경이 복구되지 않았고, 37.1퍼센트는 중앙·지방정부의 주거 지원을 받지 못했다고 합니다. 또 재난 피해자 절반 이상(57.7퍼센트)은 불안증에 시달리고 있고, 재난에 대한 정부의 대응 평가도 일곱 개 항목 중 여섯 개가 3점(보통) 미만으로 낙제 수준이었어요. 반지하 가구 등 기후위기에 취약한 가구를 위한 공공 임대주택을 늘려야 합니다.

기후재난에 대응하기 위해서는 주택의 상태와 에너지 효율을 개선해야 합니다. 해외에서는 주거 부문의 기후위기 대응에 관한 정책 논의가 주거 빈곤층을 지원하고 주택을 수리하는 방향으로 이어지고 있어요. 우리도 새로 짓는 건물은 에너지 효율을 높여서 건축하고 있지만, 기존 건물이나 주거용 건물(집)에 대해서는 지원이 부족하다고 합니다. 우리나라도 기존 주택의 에너지 효율을 높이기 위한 공공 정책 및 투자가 필요합니다. 양질의 주택이 늘어나야 기후위기를 막고 우리도 집에서 편안하고 행복하게 살 수 있을 테니까요.

주거권,
재난에서 나를 지키는 최소 공간

기록적인 폭염을 기록했던 2018년, 전국에 온열질환 자가 4500명을 넘었고 사망자는 48명에 달했습니다. 이후에도 온열질환자가 계속 늘어나고 있는데, 여기서 눈여겨보아야 할 부분이 있습니다. 온열질환 발생 장소는 야외 작업장이나 논밭 등 야외가 대략 전체의 80 퍼센트, 실내가 20퍼센트 수준입니다. 그러나 주목해야 할 것은 실내 온열질환자 발생 장소로는 집이 가장 높은 비중을 차지한다는 점입니다. 2023년도에는 온열질환 발생 장소 중 집이 실내 작업장에 이어 두 번째로 비중이 높았어요. 비닐하우스보다도 높습니다.

국제사회에서 주거권은 '적정 주거에 대한 권리(Right to adequate housing)'로 정의되고 있어요. 세계인권선언 제25조는 "모든 사람은 음식, 의복, 주택, 의료 및 필요한 사회 서비스를 포함하여 자신과 가족의 건강·행복에 적합한 생활 수준을 누릴 권리가 있다"라고 규정하고 있습니다. 적정 주거에 대한 권리는 국내법과 동일한 효력을 갖는 사회권규약 제11조에 포함되어 있지요. 유엔 사회권위원회에 의하면 적정 주거에 대한 권리는 단순하게 지붕이 있는 주택을 가질 권리를 넘어섭니다. 쫓겨나지 않을 권리는 물론 사생활 보호, 적절한 공간과 입지 확보, 보안성 보장, 조명 및 환기나 여타 시설 및 설비의 완비가 부담이 가능한 비용으로 확보되는 것을 의미합니다.

우리가 앞에서 살펴본 것처럼 기후위기는 적정 주거에 대한 권리를 침해하고, 특히 취약계층의 열악한 집은 기후재난 상황에서 생명까지 위협하고 있습니다. 집은 추위와 더위 등 혹독한 외부 환경으로부터 인간을 보호하는 것이 주요 기능이지만, 취약계층의 집은 기후재난으로부터 인간을 보호하지 못하고 있어요. 기후변화에 관한 정부 간 협의체(IPCC)는 기후위기가 대부분 지역에서 물 부족, 식량난, 건강, 도시, 주거지, 인프라에 영향을 미칠 것이며, 일부 지역은 안전을 보장할 수 없는 '거주 불능지'가 되어 이주가 불가피할 것이라고 진단했습니다.

비적정 주거(Inadequate housing)에 거주하는 사람들은 재난으로 건강과 안전을 위협받을 뿐만 아니라 다양한 인권을 침해받고 있습니다. 국제인권기구에서는 유엔 사회권위원회의 일반논평 제4호에 따른 적정 주거의 구성 요소를 충족하지 못하는 거처를 '비적정 주거'로 개념화하고 있어요. 국내에서는 '지·옥·고(지하, 옥상·옥탑, 고시원 등 주택 이외의 거처)'가 비적정 주거의 대표적 유형이라 할 수 있습니다.

국제 협약,
이제 필요한 건 행동

기후위기로 인한 피해를 막기 위해 많은 국가가 탄소 배출 감축 목표를 설정하고 국제 협약에 서명했습니다. 그런데 이 약속을 제대로 이행하지 않는 경우가 많습니다. 특히 역사적으로 탄소를 많이 배출한 선진국들이 약속을 어기는 일이 빈번하죠. 이런 현상은 기후 정의의 관점에서 바라보면 매우 심각합니다.

2015년에 열린 파리기후협약은 지구 평균온도 상승을 1.5~2도 이하로 제한하기 위해 전 세계 국가들이 협력하기로 한 국제 협약입니다. 이 협약에서 각국은 탄소 배출 감축 목표를 스스로 설정(Nationally Determined Contributions, NDCs)하고, 이를 이행하겠다고 약속했어요. 그러나 이 중요한 협약은 행동으로 이어지지 않았습니다.

먼저 기후 협약을 어긴 곳은 미국입니다. 2017년 도

널드 트럼프 대통령이 집권하면서 미국은 협약 탈퇴를 선언했고, 2019년 11월에 공식적으로 탈퇴했습니다. 미국은 매년 세계에서 두 번째로 탄소를 많이 배출하고 있고, 역사적으로 약 24퍼센트에 달하는 탄소를 배출해 가장 큰 책임을 져야 하는 국가인데, 국제적인 약속을 어기고 책임을 회피한 것이죠. 2021년 조 바이든 대통령은 파리기후협약에 재가입하고 2030년까지 탄소 배출량을 50퍼센트 줄이기로 약속했습니다. 하지만 여전히 화석연료의 사용은 계속 늘어나고 있습니다. 이런 상황에서 2024년, 다시 트럼프가 대통령에 당선되면서 파리기후협약 재탈퇴와 함께 전 세계적인 기후 협력은 위기를 맞게 됐습니다.

현재 전 세계 탄소 배출량 1위 국가인 중국도 문제입니다. 중국은 2060년까지 탄소 중립을 달성하겠다고 발표했지만, 석탄 사용량이 계속 증가하는 추세입니다. 재생에너지 생산량 1위 국가인 만큼 재생에너지도 가장 빠르게 늘리고 있지만, 중국의 에너지 정책은 경제성장을 우선시하는 만큼 에너지 소비량이 크게 늘어나 탄소 감축 속도가 느립니다.

그러면 유럽연합은 어떨까요? 파리기후협약의 목표

를 이행하기 위해 비교적 선도적으로 행동하고 있습니다. EU는 2030년까지 탄소 배출을 1990년 대비 55퍼센트 줄이겠다는 목표를 세우고, 재생에너지 생산과 사용을 확대하고 있습니다. 하지만 유럽 국가들도 역사적으로 기후변화에 책임이 큰 만큼, 뒤늦게 탄소를 많이 배출하는 개발도상국보다 더 노력하는 것은 당연합니다.

방글라데시, 케냐 같은 최빈국과 개발도상국은 기후위기의 피해를 가장 크게 받고 있지만, 이행 능력이 부족합니다. 이들 국가는 국제사회의 재정적·기술적 지원이 없이는 목표를 달성하기 어렵습니다. 예를 들어, 방글라데시는 홍수 방지 시설과 재생에너지 전환을 위해 국제 기금의 지원을 받으려 하지만, 실제로 지원되는 금액은 약속된 액수에 크게 못 미칩니다.

기후위기를 해결하기 위해서는 말뿐인 약속이 아니라, 실제 행동이 필요합니다. 그래서 파리기후협약과 같은 국제 약속에 법적 구속력을 부여해, 목표를 달성하지 못한 국가에 페널티를 부과하는 방식을 도입해야 합니다. 탄소를 많이 배출한 나라가 그만큼의 책임을 져야 공정하겠죠? 또한 선진국은 기후정의의 원칙에 따라, 더 큰 감축 목표를 세우고 개발도상국에 재정적 지원을 늘려야 합니다.

각 나라가 얼마나 약속을 지켰는지 확인하기 위해 시민사회와 비정부기구(NGO)의 역할도 중요합니다. '클라이밋 액션 트래커(Climate Action Tracker)'는 기후위기에 대한 글로벌 대응을 평가하는 독립적인 과학적 분석 플랫폼입니다. 이 플랫폼은 전 세계 각국의 기후 정책과 약속이 파리협정의 목표를 달성하는 데 얼마나 효과적인지를 평가하고 추적하죠. 각국의 기후를 살피고 목표를 달성하기 위해 어떤 행동을 하는지 모니터링해 발표합니다. 이들의 분석에 따르면, 전 세계 국가들이 제시한 탄소 감축 목표를 달성하더라도 지구 온도는 파리협정 목표를 달성하기는 어렵습니다. 전 세계가 더 강화된 목표를 세우고 실행해야 한다는 의미입니다.

7장

해수면 상승,
지도에서 사라지는
나라들

우리나라 해수면 상승 전망

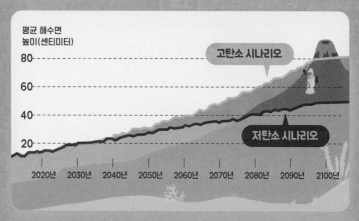

평균 해수면
높이(센티미터)

80

60

40

20

고탄소 시나리오

저탄소 시나리오

2020년 2030년 2040년 2050년 2060년 2070년 2080년 2090년 2100년

자료: 국립해양조사원(2023년)

―――― 2023년 국립해양조사원은 우리나라의 해수면이 33년 동안(1989년~2021년) 9.9센티미터가 높아졌다고 합니다. 앞으로의 전망을 지금처럼 이산화탄소를 배출하는 고탄소 시나리오를 적용한 결과, 2100년 우리나라의 해수면은 82센티미터나 상승하는 것으로 나타났습니다. 지난 33년간 관측치의 3.5배에 달하는 수준이에요. 이 전망이 현실이 되면 부산 해운대는 아예 사라지고 제주도도 대부분 물에 잠겨 30만 명이 이주해야 합니다. 이산화탄소 배출량을 줄이는 저탄소 시나리오를 적용해도 2100년 우리나라 해수면은 47센티미터가 상승한다고 합니다.

Q 여름에 동해로 여행을 갔는데, 부모님이 예전과 다르게 해수욕장의 모래가 더 줄어든 것 같다고 하셨어요. 이것도 기후위기와 관련이 있을까요?

(모래가 없는 해수욕장)

우리나라 동해안에는 드넓은 모래사장이 많아요. 그래서 여름 휴가철이 되면 동해안 해수욕장으로 피서를 많이 갑니다. 부드러운 모래사장 위에 파라솔을 펴놓고 돗자리에 누워 쉬면서 해수욕을 즐기면 무더위를 피할 수 있으니까요. 그런데 동해안에서 모래사장이 사라지고 있다고 해요. 한 해 평균 축구장 20개 정도 면적의 모래사장이 없어지고 있습니다.

완만했던 모래사장이 바닷물에 쓸려 나가면서 해안 곳곳에는 가파른 모래 절벽이 생기고 있습니다. 뉴스에 나온 지역 주민은 "그전 같으면 한 30~40미터 이상 모래사장이 있었는데, 그게 다 어디 가고 없다"라고 말합니다. 그런데 원래 파도가 치면 해안가에 쌓여 있던 모래는 서서히 깎여 바다 쪽으로 흘러가게 되어 있어요. 그러다가 파도가 잔잔해지면 다시 제자리로 돌아오면서 모래의 양이 유지됩니다. 하지만 기후변화로 해수면이 상승하고 파도가 강해지면서 해변의 모래가 급속하게 침식되고 있는 것이에요. 또한 항구와 발전소 등을 해안에 무분별하게 개발한 탓도 큽니다.

2400년 전부터 퇴적된 모래는 점차 쌓여 자연 방파제 역할을 했었는데, 모래사장이 파도에 깎여 나가면서 산책로와 도로까지 부서지고 곳곳이 절벽으로 변하고 있습니다. 뉴스에서 한 주민은 "길을 만들어 놨었는데 현재는 해안 자체가 없어졌고, 낭떠러지여서 아예 출입을 통제하고 있는 그런 상태"라고 말합니다. 이렇게 침식되고 있는 우리나라 해안은 모두 156곳으로 전체 해안의 절반(43퍼센트)에 가까워요. 이대로라면 수년에서 수십 년 뒤에는, 모래사장에서 모래찜질하고 물장구치던 동해의 해수욕장은 옛 추억 속으로 사라질지도 모릅니다.

해수면이 더 높아진다면
무슨 일이 생길까

'폭염을 피하려고 해수욕장에 가는데, 해수면은 왜 상승해서 해수욕장을 사라지게 하는 거야?'라는 질문이 생길 거예요. 해수면 상승은 말 그대로 바닷물의 표면이 상승하는 현상을 말해요. 해수면이 상승하는 이유는 크게 두 가지입니다. 그리고 이 두 가지 원인 모두 기후변화와 밀접하게 관련돼 있죠. 하나는 지구가 뜨거워지면서 전 세계 육지 위의 얼음과 빙하가 빠르게 녹아 바다로 흘러들기 때문입니다. 또 다른 원인은 바닷물 온도의 상승입니다. 지구 평균기온이 상승하면서 바다는 이전보다 더 많은 열을 흡수하게 되었습니다. 물은 온도가 올라가면 부피가 커지게 되죠. 바닷물이 따뜻해지고 부피가 커지면서 해수면이 상승한 것이지요.

해수면은 얼마나 많이 높아졌을까요? 전 세계 평균 해수면은 1880년 이후 2021년까지 141년 동안 약 25센티미터 상승했어요. 1993년 이후엔 연간 0.3~0.36센티미터씩 두 배나 빠른 속도로 상승하고 있습니다. 그만큼 기후변화가 빠르게 진행되고 있는 것이지요. 그리고 지금처럼 기후변화에 적극적으로 대처하지 않으면 2100년까지 대략 82센티미터까지 해수면이 높아질 수도 있다고 합니다. 이 정도면 160센티미터 여성의 키 절반을 넘어설 정도로 해수면이 상승한다는 말이죠. 이런 세상은 어떤가요? 산악 지대가 아니라 평범한 도시에서 사는 우리들의 머리 위까지 물이 차오른다면 과연 살아갈 수 있을까요?

해수면이 상승하면 해수욕장의 모래가 침식돼 사라지기도 하지만 바닷가 주변에 사는 사람들의 삶에 큰 영향을 미칩니다. 해수면이 높아지면 해안 저지대에 홍수가 발생할 위험이 급격히 커지고, 해안 기반 시설이 태풍 피해에 더욱 취약해질 수밖에 없으니까요. 태풍이 아니더라도 바닷물이 육지로 들어오면 저지대가 침수되고, 지하수엔 염분이 스며들어 사람이 마실 수 없게 됩니다. 당연히 농사도 짓기 어려워지겠지요. 해수면 상승이 사람들의 집과 삶, 음식에까지 영향을 끼칠 수 있다는 의미입니다.

(계속해서 사라지는 섬나라들)

당장 해수면 상승으로 사라져 가는 섬나라들이 있어요. 해발고도가 2미터에 불과한 태평양의 작은 섬나라 투발루는 전 세계에서 가장 먼저 사라질 위기에 처했습니다. 이미 나라를 이루는 섬 아홉 개 중 두 개가 완전히 가라앉았습니다. 주거지가 침식되고, 토양에 염분이 많아지고, 담수가 부족해져 농사짓기 어려워졌습니다. 채소와 과일을 먹지 못하고, 식사 대부분을 수입한 통조림과 냉동식품 등의 가공식품에 의존한 탓에 투발루 성인의 절반 이상이 비만이라고도 합니다. 결국 전체 인구의 5분의 1이 나라를 떠나야 했습니다. 이들 대부분은 가까운 뉴질랜드로 이주해야 했고, 생계유지에 어려움을 겪고 있다고 합니다.

남태평양에 있는 수십 개의 섬으로 이루어진 인구 13만 명의 작은 섬나라 키리바시도 상황은 마찬가지입니다. 평균 해발고도가 2미터에 불과한 키리바시도 이미 섬 두 곳이 수면 아래로 사라졌습니다. 수시로 바닷물이 들이쳐 담수를 오염시키고 주택과 논밭을 파괴하는 등 피해가 컸습니다. 이에 키리바시 정부는 약 2000킬로미터 떨어진 피지섬에 땅을 사고 개발해 국민 10만 명을 이주시키려고 하고 있습니다.

대표적인 침수 위험 국가로는 인도 옆에 있는 남아시아 섬나라 몰디브도 있습니다. 천 개가 넘는 섬으로 이루어진 몰디브는 산호로 둘러싸인 아름다운 환경 덕분에 세계적인 휴양지로 꼽힙니다. 하지만 그만큼 해수면 상승에 취약하지요. 약

52만 명이 거주하는 몰디브는 평균 해발고도가 1미터에 불과하다고 합니다. 해수면 상승으로 사라질 위기에 처한 몰디브는 20년 동안 인공섬을 만들었습니다. 추가적인 도시 계획이 마무리되면 인구의 절반이 인공섬으로 이주하게 됩니다. 한편으로는 국민을 이주시키기 위해 이웃 국가인 인도와 스리랑카 등에서 땅을 매입하려는 계획도 추진하고 있습니다.

남태평양의 섬나라 솔로몬제도 역시 같은 처지입니다. "제가 태어난 이곳이 미래에는 없어질지도 모릅니다. 저는 어디로 가야 할까요?" 솔로몬제도에서 태어난 학생이 국제 구호단체에 묻고 있습니다. 사라질 위기에 처한 섬나라들은 기후위기와 해수면 상승에 대한 책임이 매우 적습니다. 인구도 적지만 주민 대부분이 어업과 농업에 종사하며 온실가스 배출에 거의 영향을 끼치지 않는 친환경적인 삶을 살아가고 있기 때문이지요. 하지만 기후변화에 따른 피해는 가장 크게 받고 있습니다.

• • •

Q 온실가스 배출에 영향을 미치지 않은 나라가 직접적으로 해수면 상승 때문에 큰 피해를 보고 있다니 무척 안타까워요. 그런데 아직은 먼 미래의 일처럼 느껴지긴 해요. 해

수면 상승으로 인한 피해는 어느 정도일까요?

(수도 자카르타가
가라앉고 있다)

인도네시아는 세계에서 14번째로 넓은 나라이자 대략 1만 7000개의 섬으로 이루어진 세계 최대 섬나라입니다. 인구도 약 2억 7000만 명으로 세계에서 네 번째로 많습니다. 인도네시아 수도는 자카르타로 천만 명이 넘는 사람들이 거주하고 있습니다. 서울만큼 인구가 많은 수도이지요. 그런데 인도네시아 정부가 수도를 자카르타에서 누산타라로 옮기겠다고 결정했습니다. 인도네시아가 수도를 이전하기로 한 이유 중 하나는 다름 아닌 기후변화 때문이었습니다. 자카르타가 해수면 상승 문제로 빠른 속도로 가라앉고 있기 때문입니다.

자카르타는 면적의 40퍼센트 정도가 해수면보다 지대가 낮은 지역입니다. 그러다 보니 해안에 제방을 쌓아도 바닷물이 넘어 들어오는 일이 반복됐습니다. 무분별한 지하수 사용도 지반 침하의 주요 원인이었습니다. 인구가 급격하게 증가했지만, 정부가 물 공급을 제대로 하지 않자, 기업과 주민들은 불법으로 지하수를 끌어다 사용했습니다. 지하수를 다량으로 뽑아 사용하자 근처 지반이 가라앉게 된 겁니다. 북자카르타는 10년 동안 약 2.5미터나 가라앉았고, 2050년이면 도시 대부분이 침수돼 사라질 것으로 예상됩니다.

인도네시아는 2045년까지 수도를 단계적으로 이전할 계획입니다. 하지만 수도를 옮기는 게 쉬운 일이 아닙니다. 우리나라의 경우, 서울을 그대로 둔 채 세종시를 공무원들이 주로 일하는 도시로 만드는 데에도 오랜 시간이 걸렸습니다. 그런데 인도네시아는 자카르타에 사는 천만 명이 다른 도시로 이사를 가야 하는 상황이니 어려울 수밖에 없겠지요. 새로운 수도를 자카르타에서 약 2000킬로미터 떨어진 밀림 지역에 건설하면서, 그곳에 살던 원주민과 충돌하고 오랑우탄 같은 멸종 위기 동물이 사는 환경을 파괴하는 것도 큰 문제입니다.

(전 세계 50개 도시가 물에 잠기다)

지구 온도가 3도 오르면 미국 뉴욕과 LA, 영국 런던, 덴마크 코펜하겐, 호주 시드니, 일본 도쿄와 후쿠오카, 중국 상하이, 태국 방콕, 쿠바 아바나, 아르헨티나 부에노스아이레스, 칠레

산티아고, 이집트 카이로, 아랍에미리트 두바이 등 전 세계 50 개 주요 도시가 물에 잠길 수 있습니다. 미국 비영리 연구 단체인 클라이미트 센트럴(Climate Central)이, 전 세계 주요 도시들이 해수면 상승과 홍수 등에 따라 어떤 영향을 받게 되는지 연구한 결과입니다.

미국 뉴욕의 상징인 자유의여신상이 범람한 강 위에 위태롭게 서 있을 수 있어요. 영국 런던의 버킹엄궁전과 세인트폴성당, 호주 시드니의 오페라하우스, 프랑스 니스의 대성당 등 세계 유적지와 유명 건축물이 물에 잠길 것으로 예상됩니다. 이렇게 되면 일본 후쿠오카는 도시 전체가 물에 잠겨 지붕만 물 밖으로 나오고, 중국 광저우의 높은 빌딩들도 물속으로 사라집니다. 아랍에미리트 두바이는 더 이상 사막이 아니고, 물이 높게 차올라 고층 건물의 윗부분만 물 밖으로 나오게 됩니다. 쿠바 아바나의 명소 카테드랄 광장은 아예 물에 잠겨버립니다.

현재에도 전 세계 약 3억 8500만 명이 해수면 상승에 따른 위험에 처해 있습니다. 그런데 지구 온도가 3도 오른다면 해수면의 상승으로 세계 인구의 약 10퍼센트에 해당하는 8억 명 이상의 거주지가 물에 잠길 수 있다는 것이지요. 지구 온도는 이미 1.5도 가까이 상승했고, 지금과 같은 추세라면 지구 온도가 3도 오르는 시기는 빠르면 2060년이 될 수도 있다고 합니다. 먼 미래의 일일까요? 우리가 지금 기후위기를 해결하지 않으면 매년 해수면이 상승하면서 돌이킬 수 없는 상황이 될 겁니다. 안토니우 구테흐스 유엔 사무총장이 "기후위기로 인해 해수면이 3000년 전보다 더 빠르게 상승했다"라며 "저지대에 사는 주민들과 국가들은 영영 사라질 수 있다"라고 경고하는 이유입니다.

이건 더 이상 남의 일이 아니야

해수면 상승에 따른 위험을 우리나라만 피할 수 있을까요? 전세계적으로 해수면 상승에 대해 걱정하는 사람들이 많아지고 있지만, 아직 우리나라 사람들에겐 남의 일 정도로 여겨지는 것 같아요. 실제로 우리나라 주변 해수면도 빠르게 상승하고 있고, 최근 들어 해수면의 상승 속도가 계속 빨라지고 있는데 말이죠. 동해안 모래사장이 사라지면 다른 곳으로 피서를 가면 된다고 생각할 수도 있어요. 하지만 우리는 이미 해수면 상승에 따른 피해를 겪고 있고, 가까운 미래에는 더 큰 피해를 겪을 수밖에 없습니다.

　2023년 7월 전라남도 목포가 물에 잠겼습니다. 우리나라는 여름이면 장마와 폭우, 태풍 등으로 침수 피해를 겪어왔지요. 그런데 목포가 침수된 이유는 이 때문만이 아니었습니다. 바로 해수면 상승이 주요 원인 중 하나였습니다. 해수면이 하루 중 가장 높은 만조 때와 비가 많이 오는 시간이 겹치면서 피해가 더 컸다고 해요. 만조는 조석 현상 때문에 발생하는데, 조석은 지구와 달, 태양 등이 위치에 따라 서로 끌어당기는 힘이 변하면서 해수면이 주기적으로 오르거나 내려가는 현상을 말합니다. 여기서 하루 중 해수면이 가장 높을 때를 만조, 반대로 해수면이 가장 낮을 때를 간조라고 합니다. 우리나라 서해안의 경우 만조와 간조가 하루 두 번씩 나타납니다. 서해안의 해수면이 상승하는 만조 때 비 때문에 바닷물이 예전보다 더 많이 차오른 것이 침수의 원인이 된 겁니다.

우리나라 인구의 절반 이상이 살고 있는 서울, 경기, 인천 지역도 해수면 상승에 따른 침수 피해를 겪을 수 있습니다. 국제환경단체 그린피스는 해수면 상승과 홍수가 겹치면 2030년에는 우리나라 국토의 5퍼센트 이상이 물에 잠기면서 332만 명이 피해를 당할 것이라는 분석 결과를 발표했어요. 특히 인구가 밀집된 수도권 지역에 피해가 집중될 것으로 예상했죠. 경기도에서만 130만 명, 인천은 75만 명, 서울에서도 34만 명이 침수 피해를 당할 수 있다고 해요. 침수 지역에는 김포공

항과 인천공항을 비롯해 화력발전소와 원자력발전소, 제철소 등 여러 산업 시설이 포함됩니다. 공항이 잠기니 비행기를 타고 피할 수도 없고, 발전소가 가동되지 못하니 전기가 끊겨 깜깜하고 덥거나 추운 집에 갇혀 있어야 할지도 모릅니다. 집까지 물에 잠겼다면…. 악몽이길 바라며 빨리 꿈에서 깨어나고 싶을 거예요.

(막을 순 없지만 대비는 가능해)

해수면이 높아지는 것을 완전히 막을 수는 없습니다. 구테흐스 유엔 사무총장은 "온난화가 기적적으로 1.5도까지 억제되더라도 2100년까지 해수면이 50센티미터 상승할 가능성이 크다"라고 강조합니다. 세계기상기구(WMO)는 지구 온도 상승 폭이 1.5도로 억제되더라도 해수면이 향후 2000년 동안 2~3미터 높아질 것으로 예상합니다. 결국 해수면 상승을 고려한 대책이 필요합니다. 해안가 침수 등에 대비해 위험한 지역의 사람들을 대규모로 이주시킬 계획을 마련해야 할 겁니다. 하지만 지구 온도가 계속 상승하고 이에 따라 해수면이 빠르게 높아진다면 어느 곳이든 안전해 보이지 않습니다.

대규모 이주 외에 물에 뜨는 부유식 정착지를 건설하거나 더 높은 제방을 세우고, 해안가 근처에 주택이나 건물을 높게 짓는 방법도 생각해 볼 수 있습니다. 미국과 프랑스는 재해 위험이 있는 해안가를 개발하지 못하도록 그 지역의 땅과 주택을 국가가 사들이면서 관리하고 있다고 합니다. 갯벌, 모래 해변, 해초지, 사구(모래가 이동해 쌓인 언덕)와 같은 자연이 해안 재해를 막도록 하는 것도 중요합니다. 이와 함께 가장 중요한 것은 기후변화를 일으키는 온실가스 배출을 빠르게 줄일 대책을 긴급하게 시행하는 겁니다. 온실가스 배출을 얼마나 빨리 중단하는지에 따라 기후위기에 따른 피해 규모가 결정되기 때문이에요.

기후 젠트리피케이션,
쫓겨나는 사람들은 누구일까

지금도 해안 저지대나 바닷가 주변, 강 하구에 사는 사람들은 폭우나 태풍이 오면 피해를 겪고 있습니다. 태풍이 바닷물을 육지 쪽으로 강하게 밀어 해수면을 올리고 만조까지 겹치면, 평소엔 안전했던 방파제가 소용이 없어지고 바닷물이 들어오게 됩니다. 이렇게 2~3년에 한 번씩은 침수 피해를 겪고 있지요. 만약 바닷물이 강 하구의 농경지를 덮쳐 땅이 소금물을 머금게 되면 농사를 망치고, 이것이 반복되면 농사지을 수 없는 땅이 됩니다. 그런데 해수면이 높아진다는 건 이런 일이 더 자주 발생한다는 의미입니다. 앞으로 2~3년에 한 번이 아니라 1년에 두어 차례 일어날 수 있다는 겁니다. 이런 집에서 농사지으며 살 수 있을까요?

'오션 뷰'를 자랑하는 해안가의 고층 아파트도 불안하긴 마찬가지입니다. 평소에도 일명 '빌딩풍'이라는 강풍에 시달리는데, 태풍이라도 오면 더 큰 문제가 될 수밖에 없습니다. 빌딩풍은 높고 좁은 초고층 건물 사이를 바람이 통과하며 부딪히고 갈라지면서 위력이 두 배 이상 강해진 바람을 말해요. 부산 해운대에 늘어선 초고층 아파트들은 태풍이 올 때마다 초긴장 상태라고 합니다. 태풍 풍속보다 두세 배 이상 빠른 돌풍이 불어 유리창이 깨지고, 바닷물이 상가 내부까지 밀려 들어오는 일이 계속되고 있습니다. 해수면이 지금보다 더 상승한다면 그 피해는 더욱 커질 수밖에 없겠지요.

미국에서는 해안가 고급 주택에 살던 부유층이 해수면 상승의 위험을 피해 지대가 높은 곳으로 이사하면서 원주민이 밀려나는 '기후 젠트리피케이션(Climate Gentrification)' 현상이 일어나고 있어요. 젠트리피케이션은 낙후된 지역에 외부인들이 들어와 지역을 개발하면서 집값과 임대료를 올리면, 원래 그곳에 살던 사람들이 결국 밀려나는 현상을 뜻합니다. 우리나라에서는 오래된 주택과 상점이 있던 지역이 'ㅇㅇ단길'이라는 이름으로 유명해지면 임대료가 올라 기존 세입자는 떠나고 동네 가게였던 곳이 프랜차이즈 가게로 바뀌는 일이 일어나고 있지요.

이러한 현상의 원인이 '기후위기'일 때 기후 젠트리피케이션이 발생합니다. 기후위기에 취약한 지역에 살던 외부인들이 기후위기에 안전한 낙후 지역으로 옮겨 가면서 원주민을 밀어내고 있는 겁니다. 결국 해수면 상승 위험에서 안전한 곳에는 부자들이 모여 살고, 위험한 곳에는 가난한 사람들이 어쩔 수 없이 살게 되는 일이 벌어지게 되는 거죠. 실제로 미국에서 침수 위험이 있는 해안 지역에는 아프리카와 라틴계, 북미 원주민 거주자의 비율이 월등히 높다고 합니다.

그린워싱,
에코 프렌들리에 숨은 거짓말

그린워싱(Greenwashing)이란, 기업이나 정부가 환경 보호를 하는 것처럼 보이도록 홍보하지만, 실제로는 이를 제대로 실천하지 않는 가짜 환경주의를 뜻합니다. 요새 다국적기업에서 환경문제를 해결하지 않으면서도 잘하고 있는 척해서 문제가 되고 있죠. 그린워싱은 생각보다 큰 사회적 문제를 일으킵니다. 기업과 정부가 그린워싱에 의존해 탄소 배출을 줄이지 않으면 기후위기를 해결하기 어렵습니다.

  소비자와 시민의 피해도 큽니다. 여기에 속아 기업의 주장만 믿게 되면 진짜 문제를 해결하려는 행동이 줄어드니까요. 기업이 "우리는 지속 가능한 브랜드"라고 말하면 소비자는 자신의 소비가 환경에 도움이 될 거라 믿게 됩니다. 특히 이런 현상은 패스트 패션 시장에서 두드러지죠. 게다가 기업과 정부가 허위 주장을 내

세우면, 사람들은 기후 정책이나 기업의 약속을 의심하겠죠? 이러면 기후위기를 해결하기 위한 국제 협력이나 정책 집행의 효과가 떨어집니다. 기후위기 대응은 더욱 어려워지고, 특히 취약계층과 개발도상국에 더 큰 부담을 떠넘기는 심각한 문제로 이어질 수 있습니다.

몇 가지 예를 찾아볼까요? 먼저 더 친환경적인 것처럼 포장하거나 광고하는 기업의 제품이나 서비스를 보면, 실질적인 효과가 미미하거나 전혀 없기도 합니다. BP(British Petroleum)는 영국의 석유 대기업으로서 석유, 천연가스와 관련된 사업을 진행합니다. 영국 경제에 큰 영향력을 미치고 있죠. BP는 2000년대 초반 'Beyond Petroleum' 캠페인으로 친환경 이미지를 얻으려고 했어요. 하지만 여전히 전체 투자에서 재생에너지 비중은 1퍼센트 미만이라서 비판받고 있죠. 석유와 가스 사업 위주의 수익 구조가 변하지 않은 것입니다.

기업이 탄소 배출의 책임을 소비자나 개인에게 돌리는 방식도 그린워싱의 한 예입니다. 주변에서 종종 "일회용 플라스틱을 줄이기 위해 소비자가 더 노력해야 한다"라면서 소비자의 적극적인 행동이 필요하다고 하는 캠페인을 보게 됩니다. 이건 소비자의 행동에만 기

대면서 기업의 책임은 회피하는 문구라 볼 수 있어요. 실제로는 환경에 해로운 제품인데도 '에코 프렌들리(Eco-friendly)'나 '지속 가능'이라는 내용의 라벨을 붙이는 행위도 살펴봐야 하는 사례입니다. 스타벅스는 2018년에 플라스틱 빨대를 없애겠다고 선언하며 '친환경' 뚜껑을 도입했습니다. 하지만 새로운 뚜껑은 기존의 빨대보다 더 많은 플라스틱을 사용했죠. 스타벅스가 플라스틱 사용 문제를 해결하려고 진정성 있게 접근했다기보다는, 단순히 '플라스틱 빨대를 사용하지 않는 기업'이라는 상징적 이미지를 얻기 위해 그린워싱을 시도했다고 볼 수 있습니다.

그린워싱을 이해하면 우리가 개인이나 집단으로 진정한 변화를 요구할 수 있습니다. 기업이 환경적 영향을 줄이도록 압박하거나, 선거에서 친환경 정책을 지지하는 정치인을 선출하는 것도 하나의 방법입니다. 그리고 그린워싱에 대해 제대로 알면 가족, 친구들과 정보를 공유하면서 더 많은 사람이 이를 인식하게 할 수 있습니다. 이는 사회 전체적으로 더 강력한 기후 행동을 촉진하는 계기가 됩니다. 소비자들이 그린워싱인지 아닌지 판단하고 비판적으로 행동하면, 환경을 생각하는 기업들이 더 주목받을 수 있습니다.

그린워싱은 기후정의를 실현하는 데 걸림돌이 됩니다. 이런 문제를 해결하고 올바른 방향으로 나아간다면, 기업과 정부의 책임감 있는 행동 유도, 취약계층 보호, 기후위기 대응의 신뢰 회복을 통해 진정한 기후정의를 실현할 수 있습니다. 기후정의는 모두가 평등하고 공정하게 기후위기의 영향을 극복할 수 있도록 만드는 일입니다. 그린워싱을 바로잡는 것은 이 목표를 향한 중요한 첫걸음입니다.

기후위기 때문에
일어나는
현대의 전쟁들

국제분쟁의 빈도

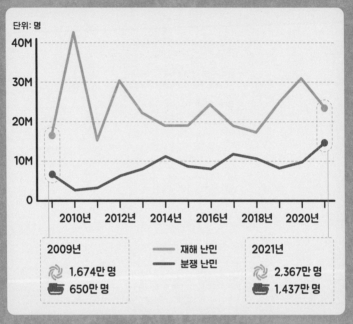

단위: 명

- 재해 난민
- 분쟁 난민

2009년
🌀 1,674만 명
🚢 650만 명

2021년
🌀 2,367만 명
🚢 1,437만 명

출처: 마브뉴스(2023년)

—— 2009년부터 2021년을 보면 자연재해로 인한 난민이 항상 분쟁 난민보다 많죠? 누적 수치로 비교해 보면 거의 2.7배 수준입니다. 그 대다수는 남아시아, 아프리카 등에 밀집되어 있습니다. 폭풍, 해일로 발생하는 홍수에 노출되는 인구를 계산해 보면 우리나라가 포함되어 있는 아시아가 가장 위험도가 높습니다. 게다가 우리나라는 과거에 비해 태풍 노출 빈도가 935퍼센트 증가할 것으로 예측됩니다. 과거보다 훨씬 더 강한 태풍이 찾아오고 해수면이 상승하면 우리도 안전하지 않습니다.

Q 해수면 상승으로 우리가 살 수 있는 육지가 줄어들면, 결국 사람이 살 곳이 사라진다는 뜻이잖아요. 그렇다면 농작물을 키울 땅이 줄어들고 식량난도 발생할지도 모르는데, 그것 때문에 더 큰 문제가 생기진 않을까요?

(2004년부터 미국 국방부가 주목한 것)

안보(安保)는 안전보장의 줄임말로, 한 국가가 다른 나라의 침략이나 위협으로부터 국가의 주권과 영토, 국민의 안전을 지키는 것을 말해요. 이를 위해서 군사력뿐만 아니라 정치·외교·경제·사회 등 다방면에서 접근해야 합니다. 국가는 국민의 안전을 위해 당연히 할 수 있는 모든 것을 해야 합니다. 그런데 기후위기가 점점 더 심각해지면서 국가 안보까지 위협하고 있다고 해요.

'아니, 폭염과 가뭄, 태풍과 홍수, 해수면 상승 등으로 사람들이 피해를 겪는 건 이제 알겠는데, 기후변화가 안보까지?' 라는 생각이 들지도 모르겠어요. 그런데 우리가 앞에서 이야기했던 것처럼 먹고 싶은 걸 못 먹을 수 있고, 병에 걸려 아플 수 있고, 집이 안전하지 않다면, 이건 안보에 큰 위협이 되는 걸 겁니다. 그리고 도시와 국가가 사라지는 상황까지 간다면 당연히 국가 안보는 심각한 위기 상황이겠지요.

세계에서 가장 군사력이 강한 미국 국방부가 기후변화의 위험성을 예의주시하는 것도 이러한 이유 때문이에요. 기후변화가 식량과 식수 등의 문제와 직접 연결되기 때문에 이를 확보하기 위한 일은 국가 간 국제적 갈등의 원인이 될 수 있으니까요. 기후변화로 식량과 물, 에너지를 얻기 어려워진 국가들은 생존에 필수적인 자원을 차지하기 위해 필사적으로 노력해야 할 겁니다.

20년 전인 2004년 초에 공개된 미국 국방부의 '펜타곤 보고서'는 이렇게 예측했어요. 국제적 갈등이 초기에는 외교적인 방법으로 조절될 수 있지만, 시간이 지나면서 땅과 물의 이용에 대한 갈등이 더욱 심각해지면 폭력적인 상황으로까지 이어질 수 있다고요. 이 과정에서 전쟁이 벌어질 것이고, 전쟁은 수많은 사람의 목숨을 빼앗을 수 있다는 겁니다. 이처럼 기후 대응은 테러를 막거나 자원을 확보하는 것처럼 국가 안보상의 최우선 과제가 되고 있습니다.

(다르푸르 내전의 원인은 악화된 우기와 건기)

아프리카 국가인 수단에서 2003년에 발생한 다르푸르 사태는 21세기 최초의 기후 전쟁으로 꼽힙니다. 사망자는 30만 명, 이재민은 270만 명에 달했어요. 이 사태는 겉으로 보기에는 북부 아랍계와 남부 기독교 아프리카계 간의 종족 및 종교 갈등이 원인인 것으로 보였어요. 하지만 그 이면에는 기후변화로 인한 생존 갈등이 자리하고 있었습니다.

동아프리카의 내륙국 남수단은 다르푸르 내전을 거쳐 2011년 수단에서 독립한 신생국가입니다. 우리나라에서는 멀고 낯선 나라로 여길 법한데, 고(故) 이태석 신부의 활동을 담은 다큐 영화 〈울지마, 톤즈〉의 무대로 익숙한 곳이기도 하지요.

1956년 영국에서 독립한 수단은 인종·종교·언어·경제사회적 조건에서 남북 간 차이가 컸어요. 역사적으로 북부 지역은 이집트와 밀접하여 이슬람교를 믿는 아랍계가 대다수인데 반해, 남부 지역은 기독교와 토속신앙을 믿는 여러 부족이 혼재되어 있었습니다. 식민지 시절부터 앵글로-이집트 수단(1899~1956년) 지배 기간까지 북부 아랍계가 정부를 독점했고, 남부를 개발에서 소외시키면서 사회경제적 격차가 더 커졌지요.

이런 배경 탓에 문화 차이가 주원인이라고 생각하겠지만, 여기에는 기후변화에 따른 사막화와 빈번한 가뭄이라는 분쟁의 씨앗이 있었습니다. 1979년 사헬지역(사하라사막 남쪽에 길게 분포하는 사막과의 경계 지대)에 가뭄과 대기근이 발생했어요. 이어 1983년과 1984년에도 가뭄이 반복됐습니다. 가뭄을 피해 초지로 내려온 북부의 아랍계 유목민과 남부 아프리카계 간에 초지를 둘러싼 갈등이 커졌지요. 정부 민병대가 남부 주민들을 무자비하게 학살하고 탄압하면서 갈등은 피를 부르는 내전으로 격화되었습니다. 정부 민병대와 남부 수단인민해방운동(SPLM) 사이의 무력 충돌이 가장 심각했는데, 여기에 다양한 종족 간 분규까지 더해졌어요. 또한 수단과 남수단의 경계 지역에서 대규모 유전이 발견되면서 지역 갈등이 악화됐죠. 먹고사는 문제와 유전이라는 경제개발의 기회가 더해지면서 다르푸르 내전은 8년 가까이 이어졌어요. 이 때문에 30만 명의 희생자와 270만 명의 난민이 발생했습니다.

다행히 국제사회의 중재를 받아들여 2005년에 포괄적 평화협정을 체결했고, 2011년에 국민투표로 남수단의 독립이 결정되었습니다. 하지만 국토의 대부분이 사막인 북쪽의 수단에도, 신생독립국인 남수단에도 무장 갈등과 빈번한 자연재해로 고통받는 사람들이 여전히 많습니다. 다르푸르 내전의 결과를 보면 평화 역시도 환경에 의해 좌우된다는 걸 새삼 느끼게 되죠.

지금도 내전을 겪고 있는 수단은 다르푸르 이외의 지역으로도 전투가 확산하고 있다고 합니다. 이미 발생한 난민은 660만 명 이상, 이 정도면 국가 기능이 거의 붕괴된 상태라고 볼 수 있죠. 남수단도 평안하지 않습니다. 남수단은 건기(11~3월)와 우기(4~10월)의 구분이 뚜렷합니다. 지난 몇 년간 남수단을 괴롭힌 극단적 기후 현상은 홍수였어요. 그런데 홍수에 앞서 건기였을 때 무지막지한 폭염으로 기후 경보에 이미 빨간 등이 켜졌습니다. 보통 수단에서 3월은 건기의 막바지예요. 지난 20년 동안은 평균 35~36도를 넘나드는 고온·건조한 날씨가 일반적이었습니다. 그런데 3월 중 남수단 전역에서 40도를 넘는 날이 보름 정도 이어졌어요. 결국 남수단 보건부는 무기한 휴교령을 선언해야 했습니다. 학교를 모두 폐쇄하고, 아이들이 야외에서 놀지 못하게 하며, 탈진 및 열사병의 징후가 있는지 확인하라는 지침까지 내려졌죠.

건기엔 폭염은 우기엔 홍수, 이런 기후재난과 정치적 혼란, 경제적 갈등이 복잡하게 얽히고설킨 수단의 상황을 보니까 어떤가요? 어떻게든 생존하기 위한 이 갈등 속의 자세한 상황을 들여다보면 이처럼 처참합니다.

. . .

Q 기후위기 때문에 사람들이 갈등을 겪어야 한다니 마음 아파요. 수단 말고 다른 나라에서도 전쟁이 벌어진 사례가 있을까요?

(**밀 생산량이 줄어들면서
발생한 시리아 내전**)

2011년부터 시작돼 2024년 12월, 13년 만에 종료된 시리아 내전이 발발한 것도 기후변화가 주요 요인이었다고 해요. 2010년 여름 폭염과 가뭄으로 러시아의 밀 생산량이 크게 줄었고, 러시아가 곡물 수출을 제한하자 세계적으로 식량 가격이 폭등했습니다. 러시아 밀을 주로 수입하는 시리아에서도, 밀가루 가격 폭등 때문에 폭동이 일어났습니다. 오랫동안 독재 정권의 폭력에 시달리고 있었는데, 극심한 가뭄으로 식량 가격까지 폭등했으니, 시리아 시민들은 참을 수가 없었을 겁니다. 안타깝게도 시리아 내전은 50만 명이 넘는 희생자와 550만 명이 넘는 난민이 발생하는 상황까지 가서야 끝이 났어요.

그런데 이제는 기후변화가 국가 간의 충돌 원인이 될 수도 있다고 합니다. 기후변화 때문에 발생한 시리아 내전과 비슷한 전쟁이 늘어나는 것은 물론이고, 기후변화는 국경을 넘어 전 지구적으로 발생하는 문제이니만큼 국제적 분쟁도 일어날 수 있다는 것이죠.

첫 번째 분쟁 지역은 북극이 될 수 있다고 해요. 이제까지 북극은 어느 나라의 것도 아니었어요. 그런데 지구온난화로 북극의 얼음이 빠르게 녹으면서 북극 얼음에 감춰졌던 자원이 드러났고, 이것을 확보하기 위한 국가 간 경쟁이 이미 시작되었다고 해요. 북극과 가까운 미국, 러시아, 캐나다, 덴마크, 아이슬란드, 노르웨이는 북극의 자원 개발에 관심을 보이면서 군사훈련까지 하고 있다고 합니다.

히말라야산맥에서 출발해 흐르는 브라마푸트라강을 둘러싸고 중국과 인도 사이에 분쟁이 일어날 수도 있다고 해요. 중국에서는 수력발전을 위해, 인도에서는 농업을 위해, 이 강은 중요한 수자원이에요. 그런데 지구 온도가 올라 히말라야산맥의 빙하가 줄어들면 강의 유량도 줄게 돼 물이 부족해집니다. 부족해진 물을 확보하기 위해 두 국가가 충돌할 수 있다는 겁니다.

중국 티베트에서 시작해 미얀마, 라오스, 태국, 캄보디아, 베트남 등 5개국을 거치며 흐르는 4350킬로미터에 이르는 메콩강은 이들 국가에 마실 물과 농업·공업 용수 상당량을 공급하고 있어요. 그런데 중국이 메콩강 상류에 11개의 댐을 쌓으면서 하류에 자리하고 있는 나머지 나라들이 가뭄으로 어려움을 겪고 있다고 합니다. 중국을 제외한 5개국은, 중국이 무분별하게 댐을 건설해 상류의 물을 막은 탓에 메콩강이 가물고 있다고 지적합니다. 하지만 중국은 댐은 문제가 없고 기후변화로 인해 가뭄이 온 것이라고 주장하고 있어요.

이 외에도 기후변화 관련 문제들로 인해 국가 사이에 갈등이 생기고 있는 사례들은 많습니다. 군사적 충돌이 아닌 외교적인 방법으로 서로 양보하면서 잘 해결하는 것이 중요하겠죠.

전쟁으로 가장 피해를 보는 건 바로 우리

지구 곳곳에서는 지금도 전쟁이 계속되고 있습니다. 2022년 3월 러시아가 우크라이나를 공격하면서 시작된 전쟁은 러시아군 5만 명, 우크라이나군 3만 명(2024년 4월 기준)의 목숨을 앗아가는 안타까운 상황에서도 계속되고 있습니다. 2023년 10월 시작된 이스라엘과 팔레스타인 하마스 사이의 전쟁도 6개월 만에 최소 3만 명이 넘는 소중한 생명을 빼앗아 갔습니다. 대부분 사망자가 여성(약 9000명), 아동(1만 3000명 이상)으로 추정돼 안타까움이 더합니다.

전쟁은 민간인 사상자를 발생시키고 주택과 빌딩, 병원 등 중요한 시설을 파괴합니다. 또한 전쟁 당사국과 주변 국가뿐만 아니라 전 세계의 평화와 안전을 위협합니다. 여기에 전쟁이 끼치는 심각한 영향이 하나 더 있습니다. 바로 전쟁이 기후위기에 미치는 악영향입니다. 아니, 앞에서는 기후위기가 전쟁을 일으킬 수 있다더니, 이제는 전쟁이 기후위기를 더 심각하게 만든다고? 의아한 생각이 들 거예요.

우크라이나 전쟁 이후 1년 동안 온실가스가 1억 2000만 톤이나 배출됐다고 해요. 이는 우크라이나의 1년 치 온실가스 배출량(약 2억 톤)의 절반을 넘어서는 양입니다. 탱크, 전투기, 전투 장비 등을 운용하는 것은 물론 요새를 건축하고 무기를 생산하는 데도 온실가스가 배출되기 때문이에요. 전쟁 때문에 발생한 화재와 파괴 등도 기후변화에 악영향을 끼치지요. 팔레스타인 가자 지구에서 전쟁이 시작된 이후 단 35일 동안 이스라엘과 팔레스타인 하마스가 배출한 온실가스는 총 6304만 톤이나 되었다고 합니다. 이는 전쟁 전 이스라엘 (5600만 톤)과 팔레스타인(350만 톤)의 1년 치 배출량을 합친 것보다도 많은 양입니다. 그만큼 전쟁은 온실가스를 많이 배출하고 기후위기를 더 심각하게 만듭니다.

그리고 전 세계가 군대를 유지하는 것만으로도 온실가스가 배출됩니다. 대형 항공모함과 전투기, 장갑차, 첨단 무기 등을 만들고, 실제 훈련하면서 무기를 사용하고, 또한 군대를 운영하려면 온실가스를 배출하는 석유, 석탄, 가스 등 화석연료가 많이 필요하기 때문이지요. 2019년 한 해 동안 전 세계 군대가 배출한 온실가스는 27억 5000만 톤으로 지구 전체 온실가스 배출량의 5.5퍼센트에 달했습니다. 전 세계 군대를 하나의 국가로 치면, 이들이 내뿜는 배출량은 중국과 미국, 인도에 이어 세계 4위에 해당한다고 해요. 기후위기에서 벗어나려면 전쟁을 막고 군대 규모도 줄여나가야 하지 않을까요?

이스라엘-하마스 전쟁 35일간 탄출 배출량

구분	주요 용도	탄출 배출량(CO$_2$e)*
군사용 연료	전투기·장갑차· 전투 차량 등 연료	192만 톤
포탄 등 무기	포탄 185만 발 등 사용	259만 톤
건물 파손	주택 5만 채 완파 (25만 채 부분 파손)	2750만 톤
도시 재건 (예상치)	주요 도로 상당수 파괴, 주택 25만 채 부분 파손	192만 톤

*CO$_2$e: 온실가스 배출량을 이산화탄소로 환산한 수치   출처: 한겨레(2023년)

원치 않는 강제 추방으로 떠도는 사람들

기후변화에 취약한 국가의 사람들은 무자비한 홍수와 태풍, 가뭄으로 이미 고통받고 있어요. 2020년 두 차례의 초대형 허리케인이 지나간 온두라스, 과테말라, 엘살바도르 등 중남미 국가에서는 수많은 사람이 국경을 넘어 멕시코와 미국으로 향했습니다. 기후재난으로 고향을 떠났다가 국내 다른 지역에 정착하지 못하면 국경을 넘는 기후난민이 될 수밖에 없습니다. 앞에서 살펴본 것처럼 기존의 사회·경제적 불평등, 정치·종교적 긴장 등에 기후재난이 더해지면 폭력 사태를 넘어 전쟁으로 이어지기도 합니다. 시리아 난민들처럼 자기 나라를 떠날 수밖에 없는 거죠.

기후위기가 전쟁으로 더 나빠지지 않게 하려면 피해를 겪은 사람들을 도와야 해요. 근본적인 해결이 안 된다면 새로운 보금자리로 이주하고 정착할 수 있도록 지원해야 합니다. 안토니우 비토리누 국제이주기구(International Organization for Migration, IOM) 사무총장은 "우리는 전례 없는 규모의 자연재해로 인해 어느 때보다 많은 사람이 집과 일터를 잃고 고향을 떠나는 광경을 목격하고 있다"라며 "국제사회가 기후위기에 대한 대응을 강화하고, 난민들이 무사히 정착할 수 있도록 지원하는 것이 어느 때보다 중요하다"라고 강조했어요.

하지만 전쟁이나 종교적 박해 등이 아닌 기후재난으로 발생한 난민의 법적 지위에 대해서는 국제적으로 공인된 기준이 아직 없다고 해요. 난민의 지위가 중요한 이유는 난민으로 인정받아야만 강제로 추방되지 않고 정착을 위한 공식적인 지원을 받을 수 있기 때문이에요. 그런데 기후변화로 인해 집을 잃고 국내에 정착하지 못해 국경을 넘더라도 모두 난민으로 인정받지 못하고 있어요. 다만 기후변화가 인간의 생명과 자유 등 기본권을 위협하는 만큼 이들을 난민으로 인정해야 한다는 목소리가 커지고 있어요. 유엔난민기구(UNHCR)는 기후변화로 국제적 보호가 필요한 사람이 난민으로 인정받을 충분한 근거가 있다고 말합니다.

우리나라도 현재로선 기후난민이 법적 지위를 받기 어렵습니다. 난민법에 따라 난민으로 인정받으려면 인종, 종교, 정치적 견해 등을 이유로 박해받았다는 걸 입증해야 합니다. 그리고 난민에 대한 우리의 생각도 그렇게 열려 있는 것 같지는 않아요. 2018년에 예멘 내전을 피해 제주도로 입국한 예멘 사람들이 난민 지위를 신청했어요. 그런데 난민을 바라보는 시선이 그리 우호적이지는 않았습니다. 아직 기후변화를 이유로 우리나라에 난민 신청을 하는 사람은 없었어요. 하지만 가까운 미래에 매년 수천만 명씩 기후난민이 발생하고, 우리나라에 문을 두드린다면, 우리는 문을 열고 따뜻하게 맞이할 수 있을까요? 우리도 기후난민이 될 수 있다는 걸 기억해야 합니다.

기후난민,
더 이상 갈 곳이 없어

2021년 11월, 제26차 유엔기후변화협약 당사국총회 (COP26)가 열린 영국 스코틀랜드 글래스고 회의장 무대에 시리아 난민 소녀를 상징하는 높이 3.5미터의 인형 '리틀 아말'이 올라섰습니다. 이 인형은 시리아·터키 국경을 출발해 그리스 등 유럽 여러 나라를 거쳐 종착지인 회의장에 도착했어요. 약 8000킬로미터의 여정은 시리아 난민이 유럽에 이르기 위해 지나온 길을 그대로 따른 것입니다. 난민은 분쟁이나 박해를 피해 피난을 떠난 사람들입니다. 이들은 국제법을 기반으로 정의되고 보호받으며, 생명과 자유를 위협받는 상황으로 추방되거나 송환되어서는 안 됩니다.

그중에서도 기후난민(Climate Refugees)은 자연재해나 기후변화의 영향으로 생존을 위협받아 삶의 터전을 떠날 수밖에 없는 사람들을 의미해요. 앞에서 이야기한 것처럼 해수면 상승으로 집이 물에 잠기고, 반복적인 가뭄으로 마실 물이 없어지고, 식량을 생산하기 어려워지며, 홍수에 모든 것이 쓸려가거나 극단적인 폭염이 이어져 살기 어려워진 사람들은 그들이 살고 있던 집을 떠날 수밖에 없습니다. 그렇게 다른 지역으로, 심지어는 국경을 넘어 다른 나라로 이주할 수밖에 없는 기후난민이 됩니다.

 가장 대표적인 곳이 바로 태평양의 섬나라 투발루입니다. 투발루는 주변 국가인 호주 등에 자국민을 기후난민으로 받아달라는 내용으로 협상을 했어요. 다행히도 호주는 투발루와 기후난민 입국에 관한 조약을 체결했습니다. 해수면 아래로 서서히 가라앉고 있는 투발루에서 매년 주민 280명을 받아들여 호주 영주권을 부여하기로 했지요. 하지만 이런 경우는 매우 드문 사례입니다.

 2023년 말 기준, 자연재해와 전쟁으로 고향을 떠나 자기 나라 안에서 다른 지역으로 이주한 난민은 약 7590만 명으로 사상 최대였다고 해요. 우리나라 인구(약 5100만 명)보다 많은 사람이 자연재해와 전쟁 때문에 집을 떠난 상황입니다. 자연재해로 고향을 떠난 난민은 2023년 1년 동안에만 약 2640만 명이었어요. 분쟁과 폭력으로 인한 난민(약 2050만 명)보다 더 많았지요. 자연재해가 사람들에게 전쟁만큼이나 큰 피해를 주고 있는 겁니다.

자연재해로 인한 난민 가운데 77퍼센트(약 2030만 명)가 홍수와 태풍, 가뭄, 산불 등 기후변화에 따른 자연 재해로 발생한 기후난민이었고, 지진과 화산 등에 따른 재해로 발생한 실향민은 약 610만이었어요. 2023년 한 해 동안에도 서울과 경기도의 인구수만큼 많은 사람이 기후재난으로 집을 떠날 수밖에 없었던 겁니다. 지구 온도가 급격하게 올라가면서 기후난민의 숫자도 앞으로 빠르게 늘어날 것으로 예상됩니다. 유엔 국제 이주기구는 2050년이 되면 전 세계 기후난민이 10억 명에 달할 것으로 전망하고 있어요.

협력과 연대,
우리를 위한 선택

투발루와 함께 남태평양의 작은 섬나라 키리바시
(Kiribati)도 기후난민 문제를 가장 상징적으로 보여주
는 사례입니다. 그곳은 해수면 상승으로 인해 국토가
점차 물에 잠기면서, 1990년대 후반부터 주민들이 고
향을 떠나기 시작했습니다. 현재 키리바시의 인구 약
12만 명 중 상당수가 이웃 나라인 피지나 뉴질랜드로
이주했지만, 아직 고향에 남은 사람도 약 10만 명으로
추산됩니다.

 키리바시 사람들을 바깥으로 내몬 가장 큰 원인은 해
수면 상승입니다. 과학자들은 산업화 이후 지구 온도
가 상승하면서 빙하가 녹아 해수면이 연평균 3~4밀리
미터씩 상승했다고 분석합니다. 키리바시의 낮은 지형
은 이러한 변화에 취약했으며, 해수면 상승은 농지 염
수화와 식수 오염을 초래해 주민들의 생계를 위협했습

니다.

2013년, 키리바시 출신의 이오네 테이티오타(Ioane Teitiota)는 뉴질랜드에 난민 지위를 요청했지만, 법적 근거가 없다는 이유로 거절당했습니다. 법적 보호를 받지 못하면 이주한 지역에서 적절한 주거, 의료, 교육도 보장받지 못하며, 사회적 차별에 직면하게 됩니다. 많은 기후난민이 새로운 지역에서 생계를 유지할 직업을 찾지 못해 불안정한 노동에 의존하게 됩니다. 또한 고향을 떠나야 한다는 사실 자체가 주민들에게 큰 심리적 고통을 안겨주기도 합니다. 새로운 환경에서 겪는 외로움, 차별, 정체성 상실은 기후난민의 정신 건강에 부정적인 영향을 미칩니다.

선진국도 기후난민을 선뜻 수용하기 어려운 상황인데, 개발도상국으로 기후난민이 유입된다면 더 힘들겠죠? 자체적인 기후위기 대응도 힘겨운 상황이기에 기후난민을 수용할 여력은 없습니다. 이를테면 방글라데시는 이미 기후재난에 시달리고 있는데, 로힝야 난민까지 수용해야 하는 상황에 놓였습니다. 어쩔 수 없이 난민과 현지 주민 사이에 자원 경쟁이 벌어졌고, 갈등이 발생했죠. 게다가 기후난민을 보호하는 국제법이 부재하기 때문에, 기후난민의 수용 문제가 국제적인 연대가 되기보다는 정치적 갈등으로 전환되는 경우가 많습니다.

기후난민은 단순히 특정 지역의 문제가 아닙니다. 이는 선진국이 과거에 배출한 탄소에 대한 책임, 개발도상국의 자원 부족, 국제사회의 협력 부재가 복합적으로 얽혀 만들어진 결과입니다. 만약 기후난민 문제를 해결하지 않는다면, 고향을 잃고 떠도는 사람들뿐 아니라, 남아 있는 이들마저도 자연재해와 사회적 붕괴의 위험에 처할 것입니다.

기후정의의 관점에서 기후난민은 어떻게 봐야 할까요? 기후위기는 전쟁보다 더 심각한 재앙이 되고 있습니다. 이제는 기후난민을 국제법상 난민으로 인정하고, 이들의 권리를 보장해야 하는데, 특히 유엔난민기구(UNHCR)에서 기후난민 보호를 위한 새로운 협약이 논의될 필요가 있습니다.

무엇보다 기후난민이 발생하지 않는 게 가장 중요하겠죠? 난민 발생을 줄이기 위해서는 기후위기의 최전선에 있는 국가들이 먼저 자국 내에서 대책을 세울 수 있어야 합니다. 하지만 그러기 위해서는 한 나라만의 힘으로는 부족합니다. 모두가 안전하게 살 수 있도록 기후위기 대책을 논의하고, 바로 현실에 적용할 수 있도록 서로 돕는 것이 필요합니다.

9장

우리 곁의
기후 악당은
누구인가

국가별 석탄발전부문 1인당 온실가스 배출량 (CO_2 톤)

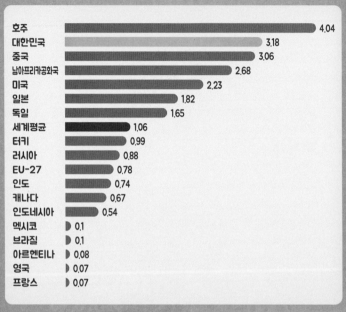

호주	4.04
대한민국	3.18
중국	3.06
남아프리카공화국	2.68
미국	2.23
일본	1.82
독일	1.65
세계평균	1.06
터키	0.99
러시아	0.88
EU-27	0.78
인도	0.74
캐나다	0.67
인도네시아	0.54
멕시코	0.1
브라질	0.1
아르헨티나	0.08
영국	0.07
프랑스	0.07

출처: 엠버(Ember) 글로벌 전력리뷰(2022년)

────── 영국의 기후·에너지 싱크탱크 '엠버'는 'G20 국가별 석탄발전부문 1인당 온실가스 배출량'을 발표했습니다. 한국은 석탄 발전에 따른 1인당 온실가스 배출량이 G20 국가에서 두 번째로 많았죠. 전력을 생산할 때 태양광 및 풍력 등 저탄소 발전원의 비중은 작고, 상대적으로 석탄 발전 비중이 큰 것이 원인으로 지목됩니다. 2015년부터 2020년 평균 석탄 발전부문 1인당 온실가스 배출량에서도 한국은 2위를 기록한 적 있지요. 세계 평균은 1.06톤으로 한국의 3분의 1 수준이었습니다.

Q 저도 그간 일회용 컵을 사용하고, 분리수거가 귀찮아서 대충 버릴 때도 있었는데, 사람들 하나하나의 행동이 모여서 이토록 심각한 기후위기를 만든 것일까요? 도대체 이 모든 일은 어디서부터 시작된 걸까요?

(하나하나 거슬러 올라보면 뭐가 있지)

지금까지 우리는, 지구 온도가 상승하고 기후가 변하면서 점점 더 심각해지고 있는 폭염, 산불, 가뭄, 폭우, 태풍, 해수면 상승 등에 관해 이야기했어요. 이러한 이상기후 혹은 기상이변이 내 삶에 어떤 영향을 미치고 있는지도 살펴봤고요. 그런데 궁금하지 않나요? 누가 기후 악당일까요? 인간의 활동이 지구 온도를 높이고 기후를 변화시키고 있다는데, 어떤 활동이 도대체 우리를 악당으로 만드는 걸까요? 자동차를 많이 타고 에어컨을 켜고 플라스틱을 마구 쓰고 버려서일까요?

인류는 석탄과 석유, 가스와 같은 화석연료 덕분에 크게 발전했어요. 화석연료는 땅에 묻힌 생물들이 수백만 년에서 수억 년에 걸쳐 열과 압력을 받아 화석처럼 굳어져 연료로 이용할 수 있게 된 것을 말합니다. 공장을 돌려 우리에게 필요한 물건을 만들고, 발전소에서 전기를 생산해 편리한 생활을 누리고, 자동차와 비행기로 먼 거리를 빠르게 이동하고, 겨울에 따뜻하고 여름에는 시원하게 지낼 수 있게 된 것이 모두 화석연료를 태워 얻은 에너지 덕분입니다. 하지만 화석연료는 연소 과정에서 온실가스를 발생시켜 지구 온도를 높이고 있어요. 세계 온실가스 배출량 중에서 이러한 에너지 분야의 배출량이 가장 큰 비중을 차지하고 있으니까요. 또한 우리가 먹는 음식을 생산하기 위한 농업과 축산업에서도 온실가스가 배출됩니다.

온실가스는 대기 중에 머물면서 지구의 온도를 유지하는 중요한 역할을 합니다. 온실가스가 없다면 지구의 평균온도는 영하 18도까지 떨어질 수 있어요. 그러면 지구에 사람이 살기 어렵겠지요. 온실가스 덕분에 사람과 동물, 식물 등 지구의 생물들이 살아갈 수 있는 겁니다. 문제는 온실가스가 급격하게 많아지고 대기 중에 쌓이면서 지구의 온도를 유지하는 것을 넘어 빠르게 온도를 상승시키고 있다는 점이에요.

(진짜 기후 악당을 알아보자)

온실가스를 많이 배출해 인류를 위기에 빠뜨리고 있는 '기후 악당'은 누구일까요? 국가별로 보면, 매년 온실가스를 가장 많이 배출하는 국가는 중국입니다. 중국은 인도 다음으로 인구가 많고, 국토도 넓은 데다 세계의 공장이라 불릴 정도로 산업 시설도 많지요. 그러다 보니 1년 동안 배출하는 온실가스 양이 가장 많을 수밖에 없습니다. 그럼, 중국이 기후 악당일까요? 국가마다 인구가 다른 만큼 1인당 온실가스 배출량을 비교해 보면 어떨까요? 206쪽의 도표에서 봤듯이 온실가스를 가장 많이 배출하는 20개 국가 중에서 1인당 배출량이 가장 많은 국가는 호주입니다. 호주 국민 한 명이 배출하는 온실가스양이 세계 어느 나라의 1인당 배출량보다 많으니, 호주가 기후 악당일까요? 호주는 국토가 넓고, 에너지도 많이 소비하고 자원이 풍부한 지역이기는 하지만, 호주의 1인당 온실가스 배출량이 가장 많은 결정적인 이유는 인구가 상대적으로 적기 때문일 겁니다.

그런데 우리는 앞에서 온실가스가 배출되면 대기 중에 오랜 기간 쌓이면서 지구 온도를 높인다고 얘기했어요. 그렇다면 매년 배출한 온실가스를 합한 누적 배출량이 많은 국가가 기후위기에 대한 책임이 크다고 할 수 있습니다. 온실가스 가운데 가장 큰 비중을 차지하는 이산화탄소의 누적 배출량(1850~2021년)을 보면 미국이 가장 많고, 중국이 2위입니다. 1년 배출량은 중국이 1위이고 미국이 2위였지만, 미국이 중국보다 더 오랜 기간 더 많은 온실가스를 배출한 것입니다. 이외에 러시아와 독일, 영국, 일본, 인도, 프랑스, 캐나다 등 주요 선진국과 인구가 많은 국가의 누적 배출량이 많습니다. 상위 20개국의 이산화탄소 누적 배출량은 전 세계 배출량의 80퍼센트에 달합니다. 전 세계 200여 개 국가 중에서 단 20개 국가가 대부분의 온실가스를 배출했다는 의미이지요. 한국도 17위로 20개 국가에 포함됩니다.

반면 앙골라, 예멘, 미얀마, 수단, 에티오피아, 세네갈, 탄자니아, 잠비아, 아프가니스탄 등 46개 최빈국의 누적 배출량은 전체 배출량의 0.4퍼센트에 불과해요. 최빈국은 소득과 자원, 경제 규모 등이 매우 적은 국가들을 말합니다. 또한 푸에르토리코, 미얀마, 아이티, 필리핀, 모잠비크, 바하마, 방글라데시,

파키스탄, 태국, 네팔 등 기후재난에 처한 상위 10개국의 누적 배출량은 전체 배출량의 1.1퍼센트밖에 되지 않아요. 온실가스를 거의 배출하지 않는 국가들이 기후변화에 따른 피해를 가장 많이 겪고 있는 겁니다.

2022년 이집트에서 열린 제27차 유엔기후변화협약 당사국총회(COP27)에서는 기후변화에 따른 '손실과 피해'에 대한 보상이 논의됐어요. 선진국에서 배출하는 온실가스 때문에 피해를 보는 국가는 130개국이 넘습니다. 이 국가에 대한 보상이 이뤄져야 한다는 것입니다. 장기간 논의 끝에 기후변화에 따른 피해를 지원하는 기금을 만들기로 합의했지만, 선진국이 얼마나 책임을 지고 분담할 것인지는 정하지 못했어요. 2023년 아랍에미리트 두바이에서 열린 제28차 총회에서는 '손실과 피해 기금'을 실제로 걷기로 했습니다. 2024년에 열린 제29차 총회에서는 선진국과 개발도상국의 입장 차이로 진통을 겪은 끝에 기후재원 합의에 도달했고요. 하지만 앞으로 선진국들이 기후위기에 대한 책임을 인정하고 보상에 적극적으로 나설지는 지켜봐야 해요.

(온실가스 배출량 제로(0), 가능할까)

2015년 프랑스 파리에 모인 세계 각국은 역사적인 합의를 했어요. 제21차 유엔기후변화협약 당사국총회(COP21)에서 당사국들의 합의로 채택한 파리협정의 목표는 산업화 이전 대비 지구 평균온도 상승을 2도보다 훨씬 아래로 유지하고 나아가 1.5도로 억제하는 것이었어요. 기후변화에 관한 정부 간 협의체(IPCC)는 산업화 이전 대비 지구 평균온도가 2도 상승하면 1.5도 이하로 상승을 억제했을 때보다 기후변화로 인한 위험이 더 커진다는 연구 결과를 발표했지요. 그렇기에 지구 온도 상승을 1.5도로 억제할 것을 제안한 거예요. 1.5도 목표를 달성하기 위해 2030년 온실가스 배출량을 2010년 배출량 대비 최소 45퍼센트 줄이고, 2050년까지 전 지구적인 탄소중립이 이뤄져야 한다고 권고했습니다. 이를 달성하기 위해 당사국 모두는 자발적으로 온실가스 감축 목표를 정하고 5년마다 제출하기로 했어요.

탄소중립은 인간 활동에 의한 온실가스 배출을 최대한 제로(0)로 줄이고, 이미 배출된 온실가스는 다시 흡수해 순 배출량이 0이 되게 하는 겁니다. 이걸 '넷제로(Net-Zero)'라고도 해요. 탄소중립을 달성하려면 무엇을 해야 할까요? 먼저 화석연료인 석탄과 가스로 전기를 생산하는 발전소를 줄이면서 온실가스를 배출하지 않는 태양광과 풍력 등 재생에너지 발전소를 늘려야 해요. 석유로 달리는 자동차를 전기차와 같은 친환경 자동차로 빠르게 바꾸고, 버스와 전철 등 대중교통도 친환경으로 운행해야 하겠죠. 온실가스를 흡수할 수 있는 산림을 보존하고 확대하는 것도 중요합니다. 내가 입고 먹고 사는 (의식주) 삶의 방식을 바꾸는 것도 온실가스 배출량을 줄이는 데 큰 역할을 합니다. 여기에 대해서는 다음 장에서 자세히 살펴보도록 해요.

현재(2024년 7월 기준) 150개 국가가 탄소중립을 선언했어요. 이들 국가는 세계 인구의 89퍼센트, 경제 규모(GDP)의 92퍼센트, 온실가스 배출량은 전 세계 배출량의 약 88퍼센트를 차지합니다. 그런 만큼 이들 국가가 탄소중립을 이뤄낼 수 있다면 앞으로 닥칠 더 큰 기후위기를 해결할 수 있을 겁니다. 하지만 안타깝게도 온실가스 배출량은 계속 늘어나고 있고, 앞에서 이야기한 것처럼 지구 온도는 1.5도 상승을 눈앞에 두고 있어요. 탄소중립을 선언한 국가들의 약속도 탄소중립을 달성하는 데는 못 미치는 수준이고요. 하지만 미국과 유럽연합, 중국 등 온실가스를 가장 많이 배출하는 국가들이 재생에너지에 대한 투자를 크게 확대하는 등 탄소중립을 달성하기 위해 노력하고 있으니, 기대해 볼까요?

• • •

Q 그럼 우리나라는 어떤가요? 저희는 석유 생산도 안 되고, 대부분의 에너지를 수입해서 쓴다고 들었어요. 특히 화석연료를 많이 수입한다는 이야기는 예전에 학교에서 수업 시간에 배운 적이 있는데, 그런 현실도 기후위기에 영향을 미칠까요?

(알고 보면 우리도 만만치 않아)

한국은 에너지 수입 의존도가 94퍼센트에 달하면서 세계에서 아홉 번째로 에너지를 많이 쓰는 국가예요. 우리가 쓰는 거의 모든 에너지는 외국에서 수입한 것인데도 펑펑 쓰고 있는 겁니다. 사우디아라비아와 쿠웨이트, 이라크 등에서 석유를 가장 많이 수입하고(38퍼센트), 다음으로 호주와 러시아, 인도네시아 등에서 석탄을 많이 수입합니다(24퍼센트). 카타르와 호주, 미국에서는 가스를 많이 수입하고(20퍼센트), 카자흐스탄과 러시아, 영국에서는 우라늄을 수입하죠(12퍼센트). 석유는 공장과 자동차에 주로 사용하고, 석탄은 공장, 특히 전기를 생산하는 발전소에서 많이 사용합니다. 가스는 공장과 발전소에서 사용하고, 가정에서도 도시가스로 공급받아 난방을 위해 씁니다. 수입된 우라늄은 전기를 만드는 데 쓰입니다.

온실가스를 배출하는 화석연료를 수입해 많이 쓰는 만큼 온실가스 배출량도 많을 수밖에 없겠지요. 1년 동안 배출하는 온실가스양을 보면 한국이 전 세계 국가 중 13번째로 많아요. 그리고 앞에서 이야기한 것처럼, 과거부터 현재까지 대기 중에 온실가스를 쌓이게 해서 지구 온도를 높인 누적 배출량은 17번째로 많습니다. 그만큼 우리나라는 기후위기에 대해 책임져야 하는 국가인 거죠. 그런데 한국은 여전히 발전소에서 전기를 생산할 때 석탄을 사용하는 비중이 3분의 1에 달해 주요 선진국보다 매우 높습니다. 반면에 온실가스를 배출하지 않으면서 전기를 생산할 수 있는 재생에너지 비율은 주요 선진국 중에서 가장 낮아요.

하지만 우리나라도 2050년 탄소중립을 선언하고 탄소중립을 위한 법을 전 세계 국가 중 14번째로 만들었어요. 그래도 다행이다 싶죠? 우리나라도 탄소중립을 위해 노력하고 있다니요. 그런데 한국 정부가 만든 탄소중립 계획은 지구 온도를 3도까지 높일 수 있는 불충분한 목표라고 해요. 2050년까지 온실가스를 더 많이 줄여야 한다는 거죠. 그리고 전 세계 온실가스 배출량의 90퍼센트를 차지하는 64개 국가를 대상으로 기후 정책을 실행하고 있는지 평가했어요. 한국은 여기서 61위로 최하위입니다. 한국보다 뒤처진 국가는 아랍에미리트와 이란, 사우디아라비아로 이들 국가는 석유를 생산하는 국가들이라 온실가스 배출량이 많을 수밖에 없어요. 사실상 꼴찌라는 평가인 거죠. 온실가스 배출과 에너지 소비가 많고, 재생에너지 생산은 적으며, 기후위기를 줄이는 정책도 부족했기 때문입니다. 게다가 2024년 11월에 아제르바이잔 바쿠에서 열린 제29차 총회에서는 '오늘의 화석상' 1위를 수상했습니다. 한국이 호주에서 화석연료인 가스 개발에 참여해 그곳에 사는 원주민들의 권리를 침해했다는 거예요. 한국은 2020~2022년 기준, 캐나다에 이어 세계에서 두 번째로 화석연료 투자에 공적 금융을 가장 많이 지원한 국가이기 때문입니다. 이쯤 되면 기후 악당 아닐까요?

세계 온실가스 배출량의 70퍼센트는 100개 기업이 만든 것

온실가스를 배출하는 화석연료를 개발하는 기업들이 있어요. 석유와 석탄, 가스를 땅에서 캐서 파는 거죠. 석유로 움직이는 자동차를 만드는 기업, 석탄으로 전기를 생산하는 기업도 있지요. 큰 건축물이나 선박, 자동차를 만드는 데 쓰는 강철을 만드는 기업도 있습니다. 철광석을 원료로 철을 만드는 데 필요한 코크스(석탄의 일종)에서도 온실가스가 많이 나오지요. 건물을 지을 때 필요한 시멘트를 생산하는 기업도 있어요. 시멘트의 원료인 석회석을 시멘트로 만드는 과정에서도 많은 온실가스가 배출됩니다. 컴퓨터와 휴대전화, 자동차 등에 들어가는 핵심 부품인 반도체를 만드는 기업도 있어요. 반도체 공장은 24시간 365일 전기를 사용해 돌아가기 때문에 다른 산업보다 전기 소비량이 많아요. 그만큼 온실가스를 많이 배출할 수밖에 없겠지요.

전 세계적으로 이런 기업들 백 개가 내뿜은 온실가스양이 세계 온실가스 배출량의 70퍼센트에 이른다고 해요. 그러니 기업들도 기후위기에 분명히 책임져야 하겠죠? 우리나라도 기업들이 온실가스를 많이 배출하고 있습니다. 우리나라에서 온실가스를 가장 많이 배출하는 상위 열 개 기업의 배출량을 합하면 우리나라 전체 배출량의 거의 절반이라고 해요. 문제는 이들 기업의 배출량이 줄지 않고 계속 늘어나고 있다는 겁니다. 온실가스 배출량 1위는 철강 기업 포스코로, 우리나라 전체 온실가스 배출량의 약 13퍼센트에 해당하는 온실가스를 한 기업이 매년 내뿜고 있어요. 석탄이나 가스로 전기를 만드는 발전회사들이 뒤를 잇고 있고요. 포스코와 같은 철강회사인 현대제철, 반도체를 만드는 삼성전자, 시멘트를 만드는 쌍용씨앤이, 석유회사인 에스 오일이 온실가스 다배출 상위 열 개 기업에 속합니다. 우리가 길거리에서나 텔레비전 광고에서 쉽게 볼 수 있는 바로 그 기업들이에요. 이 기업들이 어떻게 온실가스를 줄이느냐에 따라 우리나라의 탄소중립 달성 여부도 결정될 겁니다.

다행히 이들 기업 대부분도 탄소중립을 선언했어요. 포스코는 2020년에 '2050 탄소중립 로드맵'을 통해 온실가스 배출량을 2030년에는 10퍼센트, 2040년에는 50퍼센트 감축하고, 2050년에는 '제로'로 만들겠다는 목표를 제시했습니다. 한국전력공사 등 일곱 개 전력 공기업도 2050년까지 석탄 발전을 전면 중단하는 탄소중립 비전을 2021년에 선포했어요. 현대제철도 2050년 '넷제로' 달성을 위해 2030년까지 온실

가스 배출량을 12퍼센트 감축하는 탄소중립 로드맵을 2023
년에 공개했고요. 삼성전자도 초저전력 반도체 제품 개발 등
혁신 기술을 통해서 기후위기 극복에 동참하고 2050년에 탄
소중립을 달성하겠다고 2022년에 밝혔습니다. 하지만 이들
기업의 온실가스 배출량은 오히려 빠르게 늘어나고 있어요.
공장을 더 짓고 더 많은 제품을 생산하기 위해 더 많은 에너지
를 사용하고 있기 때문입니다. 기업들이 선언한 대로 실천할
수 있도록 감시하고 요구하는 일이 중요해요.

(RE100, 제대로 알아보자)

기업들이 탄소중립을 달성하려면 사용하는 에너지를 화석연
료인 석탄과 석유, 가스에서 태양광, 풍력 등 재생에너지로 바
꿔야 해요. 전 세계 기업들이 'RE100(Renewable Electricity
100퍼센트)'을 선언하고 실천하는 이유입니다. RE100은 기업
이 사용하는 전기의 100퍼센트를 태양광과 풍력 등 재생에너
지를 통해 생산한 전기로 사용하겠다는 자발적인 글로벌 캠페
인이에요. RE100 캠페인의 목적은 명확합니다. 우리가 직면
하고 있는 가장 심각한 위기인 기후위기를 막자는 겁니다. 이

를 위해서 기업활동에 필수적인 전력을 온실가스를 배출하지 않는 재생에너지원으로부터 공급받아 사용하겠다는 것이죠.

2014년에 시작된 이 캠페인은 현재(2024년 12월 기준) 전 세계 435개 기업이 참여하고 있어요. 참여 기업의 연간 전기 사용량을 모두 합하면 프랑스의 전기 소비량보다 많은 481테라와트시(TWh, 1조 와트의 전력이 1시간 동안 사용될 때 소비되는 전력량)로 전 세계 전력 소비량의 1.7퍼센트에 해당하는 양입니다. RE100에 참여하는 기업들은 사용 전력의 평균 40퍼센트를 재생에너지로 공급받는다고 해요. 33개 기업은 RE100을 이미 달성했고, 67개 기업은 재생에너지 전기를 90퍼센트 이상 사용하고 있습니다. 앞으로 RE100에 참여하는 모든 기업이 100퍼센트 재생에너지 전기를 사용한다면 탄소중립에 한 발짝 더 다가갈 수 있을 겁니다.

애플과 같은 주요 기업들은 협력하는 회사들에도 RE100을 요구하고 있어요. 앞으로는 자기 회사 제품에 들어가는 부품과 원료를 생산하는 데 사용하는 전기까지 재생에너지인지 평가되기 때문입니다. 애플은 이미 재생에너지로 만든 전기로 전체 전력의 95퍼센트 이상을 사용하고 있어요. 우리나라 기업들도 이제는 발등에 불이 떨어졌습니다. 해외 기업들이 국내 기업들에 재생에너지 사용을 요구하고 있기 때문이지요. 국내 기업들이 재생에너지 사용량을 높이지 않으면 거래하지 않겠다는 겁니다. 그러면 국내에서 만든 제품을 수출할 수 없겠지요. 삼성과 LG, SK, 현대차, 네이버, 카카오 등 국내 주요 대기업 36개가 RE100에 가입한 이유입니다.

하지만 앞에서 이야기한 것처럼 우리나라의 전체 전기 생산량 중 재생에너지로 만든 전기의 비율은 주요 선진국 중 꼴찌 수준이라는 게 문제예요. 재생에너지 발전량 비율이 독일과 영국, 이탈리아 등 유럽 국가들은 40퍼센트, 미국과 일본은 20퍼센트 수준인데, 한국은 7퍼센트에 불과합니다. 현재 재생에너지 발전량은 국내 여덟 개 대기업의 전기 소비량 대비 4분의 1 정도로 매우 적습니다. 그런데 2030년 한국의 재생에너지 목표도 높지 않아서 국내 기업들이 필요로 하는 재생에너지 양보다 부족할 것으로 전망되고 있어요. 여러분은 태양광과 풍력 발전기를 주변에서 본 적이 있나요? 앞으로 집과 빌딩, 공장 지붕 등 거의 모든 곳에서 재생에너지를 쉽게 발견할 수 있을 정도가 되어야 RE100과 탄소중립을 달성할 수 있을 겁니다.

온실가스,
지구를 뜨겁게 만드는 불쏘시개

온실가스(Green House Gas)는 지구를 온실처럼 만드는 기체 상태의 물질을 말합니다. 화석연료 사용으로 배출되는 대표적인 온실가스인 이산화탄소(CO_2)는 전체 온실가스 배출량 중에서 가장 큰 비중인 65퍼센트를 차지합니다. 대기 중에 머무는 시간도 100~300년이나 되기 때문에 지구 온도를 높이는 영향도 클 수밖에 없지요. 화석 에너지 사용과 시멘트 생산 등 인간 활동뿐만 아니라 동식물의 호흡 과정, 유기물의 부패, 화산활동 등 자연 활동으로도 이산화탄소가 배출되는데, 배출된 양의 약 60퍼센트가 식물의 광합성 작용과 해양 흡수로 제거되고, 나머지 40퍼센트는 대기 중에 남아 쌓이게 됩니다.

농업과 축산업에서 주로 배출되는 메탄(CH_4)은 이산화탄소 다음으로 많이 배출되는데, 다른 온실가스에

온실가스	설명
이산화탄소(CO_2)	인간의 화석연료 소비 증가로 배출되는 대표적 온실가스로 관측 단위는 피피엠(ppm, 100만분의 1)이며 대기 중에 머무르는 시간이 100~300년으로 전체 온실효과의 65퍼센트를 차지합니다. 화석 에너지 사용과 시멘트 생산 등 인간 활동과 동·식물의 호흡과정, 유기물의 부패, 화산활동 등 자연활동으로 대기 중에 배출되고, 식물의 광합성 작용과 해양 흡수로 배출된 양의 약 60퍼센트가 제거되며, 나머지 40퍼센트는 대기 중에 남아 농도가 증가합니다.
메탄(CH_4)	이산화탄소 다음으로 중요한 온실가스 중 하나로 피피비(ppb, 10억분의 1) 수준으로 대기 중에 존재합니다. 습지, 바다, 대지의 사용, 쌀농사, 화석연료 등 다양한 인위적·자연적 요소로 배출되고, 대기 중 수산화이온(OH) 라디칼과 결합하여 소멸되는 것으로 알려져 있습니다.
아산화질소(N_2O)	대기 중 체류 시간이 114년인 온실가스로 발생원은 해양, 토양 등이 있으며 인위적으로 화석연료, 생태 소각, 농업 비료의 사용, 여러 산업공정에서 배출됩니다. 아산화질소는 성층권으로 올라가 광분해되어 성층권 오존을 파괴하면서 소멸됩니다.
수소불화탄소 (HFCs)	오존층을 파괴하는 프레온가스로 염화불화탄소의 대체물질로 개발되었습니다. 냉장고나 에어컨의 냉매 등 주로 인공적으로 만들어 산업공정의 부산물로 쓰입니다.

과불화탄소(PFCs)	염화불화탄소의 대체물질로 개발. 탄소(C)와 불소(F)의 화합물로 만든 전자제품, 도금 산업, 반도체의 세척용, 소화기 등에 사용됩니다.
육불화황(SF$_6$)	육불화황은 전기를 통하지 않는 특성이 있으며 반도체 생산 공정에서 다량 사용됩니다. 이산화탄소와 같은 양일 때 온실효과는 약 2만 2800배로 가장 크며 한번 배출되면 3200년까지 영향을 미칩니다(이산화탄소 200년). 대부분 성층권이나 그 상층에서 주로 짧은 파장의 자외선에 의해 파괴됩니다.

비해 체류 시간이 12년으로 짧아 배출량을 줄이면 효과가 가장 빠르다고 합니다. 아산화질소(N$_2$O)는 화석연료와 농업 비료를 사용할 때나 여러 산업 공정에서 배출되고, 수소불화탄소(HFCs)는 냉장고나 에어컨의 냉매 등에 주로 사용하면서 배출됩니다. 과불화탄소(PFCs)는 전자제품, 도금 산업, 반도체 세척, 소화기 등에 사용됩니다. 특히 육불화황(SF$_6$)은 인공적인 온실효과를 만들어낸다고 해요. 육불화황의 경우 이산화탄소에 비해 배출량은 적지만, 이산화탄소와 같은 양일 때 온실효과가 2만 4300배에 달한대요. 게다가 한번 배출되면 3200년까지 영향을 미칠 수 있다고 합니다.

이러한 온실가스가 2022년에는 539억 톤이나 배출

됐습니다. 어느 정도 양인지 가늠하기 쉽지 않지요. 문제는 그 양이 매우 빠르게 증가하고 있다는 겁니다. 1950년 배출량(165억 톤)에 비해서 3.3배나 늘어났으니까요. 그리고 매년 배출되는 온실가스가 쌓이면서 대기 중 온실가스 농도도 점점 더 짙어지고 있어요. 1950년쯤 온실가스 농도는 312피피엠 정도였는데, 이제는 420피피엠을 넘어서고 있습니다. 피피엠(ppm)은 농도를 나타내는 단위로 100만분의 1을 뜻해요. 온실가스 농도가 400피피엠이라는 건 공기를 이루고 있는 물질의 질량 단위 100만 개 중에서 400개가 온실가스라는 말입니다. 이렇게 쌓인 온실가스가 지구를 뜨겁게 만들어 기후를 바꾸고 인류를 위기에 빠뜨리고 있는 것이지요.

환경 교육,
생존의 매뉴얼

기후위기는 전 세계적으로 모든 사람에게 영향을 미치지만, 그 결과는 불평등하게 분배되고, 대처 능력도 각기 다릅니다. 그중에서도 환경 교육의 격차는 기후정의를 실현하는 데 있어 큰 장애물로 작용하고 있습니다. 교육의 접근성과 내용에서 발생하는 격차에 따라 기후위기 대응 능력에 차이가 생기고, 취약계층과 취약 지역이 더욱 큰 위험에 노출됩니다. 이런 일이 일어난 구체적인 사례와 현황을 분석하며, 앞으로 환경 교육이 어떻게 변화해야 할지 살펴보겠습니다.

인도는 세계에서 인구가 가장 많고, 기후변화의 영향을 강하게 받는 나라입니다. 매년 극심한 폭염, 가뭄, 홍수가 반복되지만, 대부분의 공교육에서는 기후위기에 대한 체계적인 교육이 이루어지지 않고 있습니다. 2018년 조사에 따르면, 인도 농촌 지역의 학교 중 50퍼센트 이상이 기초적인 환경 교육 커리큘럼조차 갖추고 있지 않습니다. 실제로 마하라슈트라주에서는 2019년 극심한 가뭄이 발생했을 때, 주민들이 물 보존 기술이나 가뭄 대처법을 이해하지 못해 농업 생산량이 급감했습니다. 이 때문에 가난한 농민들이 생계에 큰 타격을 입었고, 기후난민이 되는 사례도 늘었습니다.

미국은 선진국임에도 불구하고, 교육 접근성의 격차가 큰 나라입니다. 저소득 지역에서는 환경 교육이 부족하거나 교육 내용이 단순하고 표면적 수준에 머무르는 경우가 많습니다. 특히 아프리카계와 라틴계 주민이 주로 사는 저소득 지역은 학교 시설이 열악하며, 환경 문제를 다루는 기회가 적습니다. 이런 지역에서는 기후 위기의 영향을 이해하거나 대처하지 못하는 경우가 많습니다. 2021년 텍사스 겨울 폭풍으로 전력망이 차단되었을 때, 저소득 지역 주민들은 에너지 절약이나 재난 대비법을 배우지 못해 피해가 컸습니다. 같은 도시 내에서도 교육 수준이 높은 고소득 지역은 재난 대처 능력이 상대적으로 뛰어나 피해를 최소화했습니다.

반면 독일은 유럽 내에서도 환경 교육이 더욱 체계적으로 이루어지는 나라입니다. 학교에서 기후변화, 지속 가능성, 재생에너지 등을 커리큘럼으로 포함하고 있습니다. 학생들은 기후위기의 원인과 결과를 이해하고, 에너지 절약, 재활용, 탄소 배출 감축 같은 행동을 실천할 수 있도록 교육받습니다. 독일의 아이들은 홍수, 폭염 같은 재난 상황에서도 적절히 대처할 수 있는 기초적인 지식을 가지고 있으며, 이는 피해를 줄이는 데 큰 역할을 합니다.

기후위기에 취약한 지역 주민들이 적절한 환경 교육을 받지 못하면, 재난이 닥쳤을 때 어떻게 대처해야 할지 몰라 큰 피해를 겪습니다. 독일에서 재난이 일어난다면 어떻게 될까요? 이미 많은 학생이 환경 교육을 통해 재난 대비 매뉴얼을 학습해 그것을 적용할 수 있을 테니 피해는 줄어들 겁니다. 환경 교육이 위기 대처에만 필요할까요? 교육이 이뤄지지 않는 지역에서는 기후위기를 이해하지 못해 재활용, 에너지 절약, 탄소 배출 감축 같은 행동을 실천할 동기가 낮습니다. 하지만 기후위기에 대해서 한 번이라도 배웠다면 개인의 기후 행동이 사회적 변화로 이어질 수 있다는 인식이 높아집니다.

환경 교육은 기후정의를 실현하기 위한 가장 기초적

이고 중요한 도구입니다. 모든 사람이 기후위기를 이해하고, 자신과 지역사회를 보호하며, 전 지구적 협력에 동참할 수 있도록 환경 교육은 다음과 같은 방향으로 변화해야 합니다. 먼저 저소득 국가와 취약 지역에 교육 자원을 지원해야 합니다. 국제기구와 선진국은 교재, 교사 훈련, 디지털 교육 플랫폼을 제공해 교육 격차를 줄일 수 있습니다. 예전에 재난 대처법을 가르치는 모바일 앱을 개발해 방글라데시에 배포한 적이 있습니다.

환경 교육은 지역의 기후 조건과 주요 위험 요소를 반영해야 합니다. 해안 지역에서는 태풍과 해수면 상승 대처법, 내륙 지역에서는 가뭄 관리와 물 보존 교육이 필요합니다. 청소년뿐만 아니라 성인과 노년층을 위한 환경 교육 프로그램도 마련해야 합니다.

디지털 기술을 통해 교육 접근성을 높이고, 멀리 떨어진 지역에서도 환경 교육을 받을 수 있게 해야 합니다. 인터넷 연결이 어려운 지역에서는 태양광 전력으로 작동하는 전자 교재와 비디오 교육도 활용해 볼 수 있겠죠? 마지막으로 국제사회가 교육 격차 문제를 해결하기 위해 협력해야 합니다. 유네스코와 같은 국제기구가 지속가능발전교육(ESD)을 통해 환경 교육 프로그램을 전 세계적으로 확장한다면 지금보다 더 적극적으로 실천할 수 있다고 생각합니다.

　기후위기는 전 세계적인 협력과 행동이 필요한 문제입니다. 하지만 환경 교육 격차는 지역 간, 세대 간 불평등을 심화하며 기후정의를 실현하는 데 큰 걸림돌이 되고 있습니다. 앞으로는 모든 국가와 지역에서 환경 교육이 평등하게 이루어질 수 있도록 접근성을 개선하고 내용의 격차를 줄여야 합니다. 이는 단순히 교육의 문제가 아니라, 모두가 함께 기후위기에 대응하여 공정하고 지속 가능한 미래를 만들어 나가기 위한 중요한 첫걸음입니다.

1.5도 라이프 스타일, 악당에서 벗어나는 필수 선택

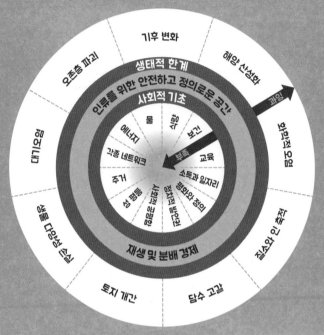

기후 변화

오존층 파괴

생태적 한계

인류를 위한 안전하고 정의로운 공간

해양 산성화

사회적 기초

과잉

대기오염

물

식량

보건

에너지

각종 네트워크

부족

교육

안화학적 오염

주거

소득과 일자리

평화와 정의

재생 및 분배 경제

생물 다양성 손실

토지 개간

담수 고갈

질소와 인 축적

정치적 발언권

사회적 평등

성 평등

출처:《도넛 경제학》(2018년)

—— 지금 보는 이 도넛은 경제 성장이 인간과 지구에 미치는 영향을 모두 고려하는 지속 가능한 발전 모델을 설명합니다. 옥스퍼드 대학교의 경제학자 케이트 레이워스가 제안한 개념으로, 이 이론은 '도넛'이라는 비유를 사용해 경제활동이 충족해야 할 사회적 기반과 지구 환경 한계 사이의 균형을 강조합니다. 도넛의 내부 공간은 인간의 기본 요구사항을 충족시키지 못하는 '부족의 영역'을, 외부의 공간은 환경을 파괴하는 '과잉의 영역'을 나타냅니다. 이런 균형을 맞추기 위해선 1.5도 라이프 스타일이 필요합니다. 각자가 일상에서 에너지 사용을 줄이고, 재활용을 하며, 대중교통을 이용하는 등 작은 실천을 통해 지구온난화를 멈추는 큰 목표에 기여할 수 있습니다.

Q 재생에너지 생산량은 적은데 에너지 소비량은 많은 곳
이 한국이라니, 이번에 처음 알았어요. 저희가 어른이
됐을 때 지구는 괜찮을까요? 유럽에서는 청소년들이 기후위
기 소송도 진행했다던데, 어른들의 행동을 바꾸고 우리도 달
라질 수 있는 계기가 있을까요?

(청소년기후행동과
미래를 위한 금요일)

국가와 기업들이 알아서 잘하면 좋겠지만, 앞에서 이야기한
것처럼 기후위기를 막기에는 충분하지 않아요. 우리나라의
온실가스 감축 목표는 지구 온도 상승을 1.5도 이하로 막기
에는 '매우 불충분한' 것으로 평가되고 있고, 기업들의 대응도
느립니다. 매년 기후위기는 심각해지고 피해는 늘어만 가는

데, 보고만 있을 순 없겠죠? 그래서 우리 청소년들이 나섰어요. 2020년 3월 우리나라 청소년 19명은 정부의 소극적인 기후위기 대응 정책 때문에 청소년들의 법적 권리가 침해당했다며 헌법재판소에 헌법소원을 청구했어요. 헌법소원이란 공권력에 의해 헌법에 보장된 국민의 기본권이 침해된 경우, 그 침해된 기본권의 구제를 청구하는 제도입니다.

헌법소원을 청구한 청소년들은 2018년에 작은 모임을 만들고, '청소년기후행동'이라는 이름으로 2019년 3월 전 세계 청소년들의 기후 운동 연대인 '미래를 위한 금요일(Fridays For Future)'과 함께 결석 시위에 참여하면서 본격적인 활동을 시작했어요. 기후위기를 알리는 피켓을 들고 거리에 나가기도 하고, 개인적인 실천을 넘어 정책 변화를 통해 기후위기를 실질적으로 막기 위한 캠페인 활동에 힘써 왔어요. 그런데도 정부의 태도에 변화가 없자, 정부의 책임을 묻기 위해 헌법소원을 청구한 겁니다. 한국 정부가 정한 감축 목표와 실제 행동이 워낙 부실해 헌법에서 보장한 "생명권과 행복추구권, 정상적인 환경에서 살아갈 환경권 등을 심각하게 훼손"할 것으로 생각했기 때문이에요.

질문한 것처럼 지구 평균기온 상승을 1.5도 이하로 막으려면 어린이와 청소년(1997~2012년생)은 그들의 조부모

(1946~1964년생)가 배출한 온실가스에 비해 겨우 6분의 1 정도만 배출할 수 있습니다. 과거에 배출된 온실가스가 대기 중에 쌓여 있어서 앞으로는 온실가스를 거의 배출하지 않아야 하기 때문이죠. 하지만 이미 시작된 기후위기에 따른 피해는 기성세대보다는 어린이와 청소년이 훨씬 더 오랫동안 많이 겪을 수밖에 없습니다. 60년 전에 태어난 사람들과 비교할 때 평균적으로 폭염 일곱 배, 산불은 두 배, 가뭄과 홍수, 기근은 거의 세 배나 많이 일어나는 지구에서 살게 될 수도 있기 때문이죠. 한국에서 청소년들이 가장 먼저 기후소송을 제기한 이유이기도 할 겁니다.

청소년들이 헌법소원을 청구한 지 4년이 지나서야 헌법재판소는 청소년 기후소송을 포함한 네 건의 기후소송을 합쳐서 심사를 시작했어요. 2020년 3월(청소년 19명), 2021년 10월(농민·노동자 등 123명), 2022년 10월(아기 등 62명), 2023년 7월(환경단체 회원 등 51명)에 각각의 사건으로 따로 접수됐지만 같은 쟁점으로 받아들인 겁니다. 네 건 모두 '기후위기 대응을 위한 탄소중립·녹색성장 기본법'과 시행령 등에 규정된 국가 온실가스 감축 목표가 너무 낮아 시민과 미래세대의 기본권을 침해하고 있다는 취지의 헌법소원이에요. 그렇게 우리나라에서 국내 최초이자 아시아 최초로 기후소송이 시작됐습니다. 2024년 8월 29일, 헌법재판소는 2030년까지만 '온실가스 감축 목표 비율'을 규정한 탄소중립기본법 등은 헌법에 어긋난다고 판결했어요. 정부의 기후위기 대응 계획이 부족하면 국민의 기본권 침해로 이어질 수 있다는 점을 법적으로 인정한 것으로, 아시아 국가 중 최초로 나온 법원의 결정이었습니다.

2022년 12월 30일 국가인권위원회도 "정부는 기후위기 상황에서 모든 사람의 인권을 보호·증진하는 것을 국가의 기본적 의무로 인식하고, 기후위기를 인권적 관점에서 접근하고 대응할 수 있도록 관련 법령 및 제도를 개선하여야 한다"라며 "국제 기준을 고려하여 '기후위기 대응을 위한 탄소중립·녹색성장 기본법 시행령'의 2030년 국가 온실가스 감축 목표를 상향 설정하고, 2030년 이후의 감축 목표도 설정하여 미래 세대의 기본권 보호를 위한 감축 의무를 명확히 할 필요가 있다"라는 의견을 냈어요. 국가인권위원회의 의견 표명은 현재 인권의 가장 큰 위협 요소로 떠오른 기후변화에 적극적으로 대응해야 한다는 국내외 요구를 반영한 것으로, 인권위가 기후위기와 인권 문제에 관해 처음으로 공식적인 의견을 밝힌 것이라는 점에서 의미가 있습니다.

세계 법원은 기후소송 중, 피고는 정부와 기업

기후소송은 이처럼 기후변화를 인권의 문제로 봐야 한다는 것을 의미해요. 기후위기 피해를 더 이상 천재(天災)에 의한 불운으로 보지 않고, 인재(人災)에 의한 불의로 보겠다는 뜻입니다. 인권 침해 사건에서 불의한 가해자에게 책임을 묻듯이, 온실가스 배출이 생명권과 건강권, 주거권 등 개인의 권리를 위협한다면, 그리고 기후변화에 책임이 적은 미래세대 등이 가장 큰 피해를 받게 된다면, 그 책임을 국가와 기업에 적극적으로 물어야 한다는 것이죠.

이미 세계적으로 기후소송이 급증하면서 정부의 적극적인 온실가스 감축 책임을 명령하는 판결이 나오고 있어요. 2019년 12월 네덜란드 대법원은 네덜란드 정부가 국제사회에 약속한 대로 2020년까지 온실가스 배출량을 1990년 대비 25퍼센트 감축해야 한다고 판결했습니다. 2021년 2월 프랑스 법원은 국가가 온실가스 감축 약속을 이행하지 않았다면 피해에 대한 배상 책임을 져야 한다고 판결했고요. 같은 해 4월 독일 연방헌법재판소는 기후 대응 부담을 미래세대로 넘기는 것을 '위헌'이라고 판결했고, 이후 독일 정부는 2030년 온실가스 감축 목표치를 높였습니다.

　2023년 8월 미국 몬태나주 법원은 몬태나주에서 화석연료 정책을 승인할 때 기후변화를 고려하지 않은 것은 위헌이라고 판결했어요. 미국 청소년들이 주 정부를 상대로 제기한 기후소송에서 처음으로 승리하며 깨끗한 환경에서 살아갈 권리를 헌법상 인정받게 된 겁니다. 2020년에 64세 이상 스위스 여성 2400명이 기후소송을 제기한 사건에 대해, 2024년 4월 유럽인권재판소(ECHR)는 스위스 정부의 기후변화 대응책이 불충분해 국민 기본권을 침해했다는 결정을 내렸습니다. 기업을 상대로 제기된 소송으로는 석유기업 '로열 더치 셸' 건이 대표적이에요. 2021년 5월 네덜란드 헤이그지방법원은 세계 2위 규모의 초국적 석유회사 로열 더치 셸에 2030년까지 온실가스 배출량을 2019년 대비 45퍼센트 줄일 것을 명령했습니다. 하지만 2024년 11월, 두 번째 판결에서 법원은 석유 기업에 탄소 배출을 줄여야 할 '주의 의무'가 있다는 점을 인정하면서도, 개별 기업에 대한 탄소 배출량 감축 명령은 법원이 아니라 정치의 역할이어야 한다는 로얄 더치 셸의 주장을 인정했어요. 앞으로 기업들의 온실가스 감축을 어떻게 감시할 것인지가 중요해지고 있다는 의미입니다.

(기후유권자 운동으로
탄소중립에 한 발짝 더)

2024년 5월 21일 헌법재판소에서 열린 기후소송 공개 변론에서 2년 전 '아기 기후소송'의 헌법소원 청구인단에 참여했던 초등학교 6학년 학생이 이렇게 말했어요.

"2년 전 제가 이 헌법재판소 앞에서 처음 기자회견을 했을때, '어린애가 뭘 알고 했겠어? 부모가 시켰겠지'와 같은 댓글이 있었습니다. 저는 억울했습니다. 단지 어리다는 이유로 저의 진지한 생각이 무시당하는 듯했습니다. 어른들은 투표를통해 국회의원이나 대통령을 뽑을 수 있지만, 어린이들은 그럴 기회가 없습니다. 이 소송에 참여한 것이 미래를 위해 제가할 수 있는, 또 해야만 하는 유일한 행동이었습니다."

2024년 4월 국회의원 선거를 앞두고 '기후유권자' 운동이일어났어요. 기후유권자는 기후 의제를 잘 알고, 민감하게 반응하며, 기후의제를 중심으로 투표를 고려하는 사람이라고할 수 있습니다. 로컬에너지랩과 더가능연구소, 녹색전환연구소 등이 참여한 '기후정치바람'이 2023년 12월 전국 17개 시도 1만 7000명을 대상으로 실시한 기후위기 인식 조사를 보면, 응답자 세 명 중 한 명은(33.5퍼센트) 기후유권자였다고 합니다. 이 가운데 14.9퍼센트는 이번 총선에서 '1순위 관심 공약'으로 기후위기 대응을 꼽았다고 해요.

여러분은 아직 국회의원이나 대통령을 선택할 투표권이 없지만, 스스로 미래의 기후유권자인지 확인해 볼 수 있어요. 여러분이 이 책을 열심히 읽었다면 온실가스, 탄소중립, 파리협정, RE100 같은 용어들을 잘 알게 됐을 거예요. 그리고 한국 사회가 직면한 여러 과제 가운데 폭우와 가뭄 등 기후위기가 가장 심각하다고 생각할 겁니다. 탄소중립을 위해선 석탄 발전소 가동을 중단하고 재생에너지를 빠르게 늘려야 한다는 것도 알게 됐죠. 자동차 수를 줄이고 석유차를 전기차로 바꿀 필요가 있다는 데 동의할 거예요. 그리고 국내 농산물 보호 정책을 추진해야 한다고 생각할 겁니다. 이상기후로 인해 농산물 생산량이 줄어 과일과 채소 가격이 폭등할 수 있다는 것을 알기 때문이죠. 마지막으로 국회의원이나 대통령 후보의 공약 중에서 기후위기 대응에 가장 큰 관심을 가지고 투표한다면, 바로 여러분이 기후유권자입니다.

청소년기후행동은 존엄한 삶, 당연한 일상, 안전한 미래를 확보하고 생태계의 붕괴를 포함한 기후 파국을 막기 위하여 사회구조를 전환해야 한다는 데 동의합니다. 이를 위해 정책 결정권자에게 다음과 같이 요구하고 있어요.

1. 산업화 이전 대비 지구 온도 상승을 1.5도 이내로 제한해야 합니다.

2. 한국 정부가 강행하고 있는 국내 7기, 해외 3기의 신규 석탄 발전소를 즉각 중단하고, 재생에너지로 즉각 전환해야 합니다.

3. 2030년까지 모든 석탄 발전소를 단계적으로 퇴출해야 합니다.

4. 2030년 국가 온실가스 감축 목표를 2017년 배출량 대비 70퍼센트 이상 감축으로 수정해야 합니다.

5. 기후정의와 형평성을 고려하여 사회구조 전반의 정의로운 전환을 만들어야 합니다.

6. 기후위기의 영향과 전환 과정에서 영향을 받는 당사자들(청소년, 청년, 노동자)을 참여의 주체로서 논의에 포함시키고, 전환 과정에서 배제되지 않도록 해야 합니다.

7. 기후위기는 이미 심각한 문제이며, 앞으로 더 빈번하고 강도 높게 나타날 기후재난으로부터 더 취약하게 영향을 받는 이들이 회복할 수 있는 대책 마련이 필요합니다.

· · ·

Q 환경과 관련된 일을 결정할 때 청소년이 참여한다면 좀
더 나은 방향으로 진행될 수 있을 것 같아요. 하지만 이
런 생각도 들어요. 기업이 에너지를 쓰는 이유는 물건을 생산
하고 판매하기 위해서 아닌가요? 결국 우리가 그 물건을 사고
쓰니까 온실가스가 안 줄어드는 게 아닐까 걱정돼요.

(소비할수록 점점 악화돼)

정부와 기업의 기후위기 대응을 촉구하는 거리 시위에 나가
고, 기후소송을 제기하고, 선거 때마다 기후 공약을 제안한 후
보에게 투표하는 일은 매우 중요합니다. 거리 시위와 소송, 선
거를 통해 정치와 정책을 바꿀 수 있다면 더할 나위 없이 좋은
일이죠. 하지만 큰 규모의 시위는 1년에 한두 번, 투표는 2년
마다 한 번, 소송은 평생 한 번 있을까 말까 하는 일들입니다.
안타깝게도 정치와 정책은 쉽게 바뀌지 않고, 우리는 지쳐만
갑니다. 우리 일상에서 지치지 않고 기후를 바꾸기 위해 할 수

있는 일들이 있을까요?

기업은 상품을 생산하면서 온실가스를 배출합니다. 기업들이 화석연료로 전기를 생산하고, 철과 시멘트로 집과 건물을 짓고, 석유로 가는 자동차를 생산하고, 휴대전화와 같은 전자제품을 만들어요. 또 농사를 짓고 식품을 제조하는 과정에서도 온실가스를 배출하죠. 그런데 기업들이 온실가스를 배출하면서 만든 상품을 누가 소비하나요? 바로 우리가 소비합니다. 기업의 생산 측면이 아닌 시민의 소비 관점에서 세계 온실가스 배출량을 구분해 보면, 가정에서의 소비가 72퍼센트, 기업 소비 18퍼센트, 정부 소비는 10퍼센트를 차지한다고 해요. 온실가스 배출량의 3분의 2 이상이 가정에서의 소비 때문에 발생한다는 의미입니다. 그만큼 우리의 소비 패턴과 소비량, 라이프 스타일의 변화가 중요한 것이죠.

그렇다면 우리의 어떤 소비가 온실가스를 많이 배출시킬까요? 주로 선진국들의 개인 온실가스 배출량을 보면, 라이프 스타일 온실가스 배출량 가운데 주거와 교통, 음식이 거의 80퍼센트를 차지할 정도로 많다고 합니다. 집에서는 화석연료로 생산된 전기로 가전제품을 사용하고 화석연료인 도시가스로 난방과 요리를 합니다. 집이 넓고 에너지를 더 많이 소비한다면 온실가스 배출량이 더 늘어나겠죠. 그렇다면 에너지 소

1분 동안 소셜 미디어를 사용했을 때의 탄소 배출량

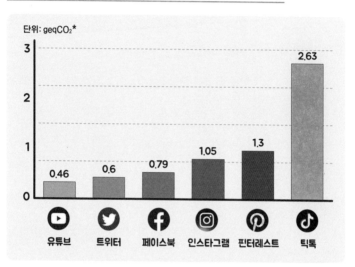

단위: geqCO₂*

* geqCO₂: 다른 온실가스의 기후 영향을 이산화탄소의 그램으로 환산   출처: 그린스펙터(2021년)

비를 줄여서 온실가스 배출량을 줄여야 할 텐데, 우리는 전기 없는 삶을 상상할 수 있을까요?

전기로 배터리를 충전하지 않으면 핸드폰, 노트북, 태블릿 PC를 사용할 수 없습니다. 전기가 없으면 인터넷으로 영화와 드라마를 보거나 음악을 들을 수도 없습니다. 런던의 시청자 조사 기업인 글로벌 웹 인덱스에 따르면 2021년 스마트폰 사용자들은 하루 평균 2시간 24분을 소셜 네트워크에 소비하는데, 이때 사용자당 평균 사용 시간을 탄소 영향 값으로 환산하면 1일 탄소 배출량이 165.6그램에 달한다고 합니다. 이는 경

자동차로 1.4킬로미터를 달렸을 때 배출하는 탄소와 같은 수치죠.

유튜브는 고화질의 동영상을 스트리밍하는 데 많은 전력을 사용하고, 트위터는 실시간으로 대량의 텍스트와 이미지 데이터를 처리해야 합니다. 이 과정에서 상당한 양의 데이터와 에너지가 소모되는 거죠. 다시 말해 사용자들이 플랫폼에서 동영상을 보고, 업로드하고, 공유할수록 서버는 더 많은 데이터를 처리해야 하고 이는 더 많은 전력을 필요로 합니다. 특히 틱톡처럼 동영상을 많이 다루는 플랫폼은 페이스북이나 트위터보다 훨씬 많은 전력을 사용하게 되는 거죠.

그렇다면 통화, 유튜브 시청으로도 이산화탄소가 발생하는 이유는 무엇일까요? 이들 장비들이 방대한 양의 데이터를 보관하고 처리하는 데이터 센터가 있기 때문입니다. 이 센터의 IT장비가동과 서버 유지, 이들 장비의 열을 식히는 냉방설비 등에 막대한 전력이 소모되고 그 전력 소비로 온실가스 또한 배출됩니다.

국제에너지기구(IEA)에 따르면 2022년 기준 전 세계 데이터센터의 연간 전력 소모량은 460테라와트시(TWh)로, 프랑스(425TWh), 독일(490TWh)의 연간 전력 소모량에 버금가는 수준이라고 합니다. 그런데 인공지능(AI)이 학습하고 우리의 질문에 답하는 데는 더 많은 전기가 필요합니다. 인터넷에서 일반 검색을 할 때 사용되는 전력은 0.3와트시(Wh, 1와트의 전력이 1시간 동안 사용될 때 소비되는 전력량)이지만 같은 내용을 챗GPT로 검색하면 거의 열 배인 2.9와트시가 사용된다고 합니다. 만약 인터넷 검색엔진에 AI 기능이 통합될 경우, 최대 30배까지 더 많은 전력이 필요하다고 해요.

출퇴근이나 등하교 시 이용하는 교통수단에 따라서도 온실가스 배출량에 많은 차이가 납니다. 친환경 대중교통이 아닌 석유로 가는 자가용을 이용한다면 온실가스 배출량이 많이 늘어나게 되죠. 교통 부문은 한국의 온실가스 배출량 중 약 15 퍼센트를 차지하는데, 대부분이 도로 위를 달리는 자동차 때문입니다. 외식을 자주 하거나 육식을 많이 먹고, 배달 음식을 많이 시켜 먹어도 온실가스 배출량이 증가합니다. 또한 불필요한 옷을 많이 사서 얼마 입지 않고 버리거나 비행기를 타고 해외여행을 자주 가는 것도 온실가스 배출량을 증가시키는 요인이에요.

현재 선진국 전체 1인당 이산화탄소 배출량 평균은 8.2톤이에요. 2030년에는 1인당 평균 3.5톤으로 줄여야 합니다. 그런데 국가마다 1인당 온실가스 배출량에 큰 차이가 나는 만큼 줄여야 하는 양도 많은 차이가 납니다. 1인당 배출량이 23.2

톤인 호주는 2030년에 세계 평균으로 줄이려면 약 20톤을 줄여야 하죠. 미국도 1인당 17.6톤을 배출하므로 3.5톤으로 줄이려면 2030년까지 14톤이나 줄여야 합니다. 반면에 현재 1인당 배출량이 2.8톤인 인도는 2030년까지 온실가스 배출량을 줄일 필요가 없어요. 몰디브와 스리랑카, 네팔, 시리아, 투발루, 방글라데시, 키리바시와 같은 국가들은 1인당 배출량이 2톤에도 못 미치는 만큼 삶의 질과 복지 향상을 위해서라면 온실가스 배출량이 더 늘어나도 상관없습니다.

우리나라는 1인당 온실가스 배출량이 12.7톤으로 세계 평균의 두 배에 가까울 정도로 많습니다. 따라서 2030년 세계 평균 목표인 3.5톤으로 맞추려면 9톤 정도를 줄여야 하죠. 하지만 같은 한국 사람이라도 소득에 따라 온실가스 배출량은 크게 차이가 납니다. 소득 상위 1퍼센트는 1인당 온실가스 배출량이 180톤에 달하고, 상위 10퍼센트는 54.5톤인데 반해 소득 하위 50퍼센트의 1인당 배출량은 6.6톤이라고 해요. 세계 평균에 맞추는 게 어렵다면, 현재 한국의 1인당 온실가스 배출량의 절반인 6.3톤을 2030년 목표로 정할 수도 있습니다. 그러면 한국 사람의 절반 정도는 현재 1인당 6.6톤을 배출하고 있으니 줄일 필요가 없어요. 오히려 주거와 교통, 소비 등의 복지를 개선하는 일이 먼저일 겁니다. 하지만 소득 상위

1퍼센트는 2030년까지 173.7톤, 상위 10퍼센트는 48.2톤을 줄이는 계획을 세워야 하겠죠.

내가 배출하는 온실가스를 계산할 수 있다

나의 온실가스 배출량을 알아야 계획도 세울 수 있겠죠? 다행히도 2024년 7월에 녹색전환연구소가 1.5도 라이프 스타일 계산기를 만들어서 일반 시민 누구나 자신의 온실가스 배출량을 계산할 수 있게 됐어요. 1.5도 계산기는 먹거리, 소비, 주거, 교통, 여가 총 다섯 개 분야에서 개인의 삶의 방식을 확인하여 온실가스 배출량을 산정하도록 구성되어 있습니다. 개인의 소비 방식과 삶의 방식을 알아볼 수 있는 질문으로 만들어져 있는데, 이는 엄밀한 배출량을 따지기보다는 개인의 생활 특성을 드러내는 동시에 온실가스 배출 규모를 파악할 수 있도록 합니다. 또한 제품의 소비와 사용 과정뿐만 아니라 제품의 생산부터 사용, 폐기까지 제품의 전 생애를 고려한 온실가스 배출량을 계산해요.

어떤 집에서 살 것인가, 무엇을 타서 이동하고 무엇을 먹고 입을 것인가와 같은 개인의 선택이 불러오는 기후 영향의 차이를 파악하도록 하고 있습니다. 내 생활의 어떤 영역이 기후 위기에 더 직접적인 영향을 미치는지 파악할 수 있지요. 그래서 소비를 대체하거나 중단할 수 있는 영역, 소비를 지속하면서도 효율성을 개선하여 온실가스를 감축할 수 있는 영역을 따질 수 있습니다. 기후위기 시대, 우리 삶의 모습을 점검하고 더 나은 대안을 찾아가는 데 1.5도 계산기가 도움이 될 수 있습니다. 어때요? 여러분의 온실가스 배출량은 몇 톤인가요?

1.5도 라이프 스타일을 실천하기 위해서는 먼저 얼마나 많은 온실가스를 배출하는지 알아야 해요. 그런데 그것만으로는 부족하죠. 지금 배출량이 많다고 실망할 필요도, 배출량이 적다고 자랑할 필요도 없습니다. 중요한 건 현재 배출량을 확인하고, 앞으로 어떻게 줄일지 계획을 세워 실천하는 것이니까요. 친구들과 선생님, 부모님과 함께 기후위기에 대해서, 집과 학교, 동네에서 어떻게 온실가스를 줄여나갈 수 있을지에 대해서 이야기 나누면 좋겠지요.

우리가 함께 만드는 안전하고 정의로운 지구

앞에서 이야기한 것처럼 1.5도 라이프 스타일은 개인의 온실가스 배출량이 얼마나 되는지를 확인하는 것에서 그치지 않아요. 사회적 기초와 생태적 한계 안에서 안전하고 정의롭게 살아가려면 어떻게 해야 하는지 고민하는 거예요. 그러려면 개인의 변화와 함께 사회 전체가 어떻게 바뀌어야 할지 점검하는 것이 중요합니다.

육식보다는 채식을, 해외보다는 국내 지역에서 생산된 제철 음식을 먹어야 해요. 우리는 그렇게 하고 싶은데, 학교 급식에서 고기와 수입 가공식품만 나온다면 어떻게 해야 할까요? 학교에 채식 식단과 지역 농산물로 차린 식사를 달라고 요구해야 하겠죠. 학교에 걸어가거나 자전거를 타고 싶은데, 안전한 보행로와 자전거도로가 없으면 안 되겠죠? 집과 학교가 멀다면 친환경 대중교통이나 통학 버스로 등하교를 할 수 있어야 하고요. 에너지 효율이 좋도록 부모님이 집을 좀더 따뜻하고 시원하게 리모델링하고 싶어 하시는데, 자가 주택이 아니라서 비용 때문에 할 수 없다면 정부의 지원과 대책이 필요합니다. 동네에서도 영화와 음악, 문화, 체육 등 취미 활동을 충분히 즐길 수 있는 여건이 된다면 지구 온도를 높이지 않고서도 풍족한 삶을 살 수 있을 겁니다.

이처럼 기후위기를 해결하여 안전하고 행복한 삶을 살기 위해서는 우리의 노력도 중요하고 정부와 기업의 정책 변화도 꼭 필요해요. 우리의 일상을 1.5도 라이프 스타일로 바꾸는 과정은 정부의 정책과 기업의 행태를 바꾸는 요구와도 연결됩니다. 우리의 실천은, 기업들이 국경 밖에서 어떤 원료를 어떻게 가져와서 어떤 방식으로 생산했는지 따지는 일이고, 우리에게 제품과 서비스를 공급하는 기업들이 온실가스를 어떻게 배출하는지 밝혀내는 일이기도 합니다. 기후를 바꾸기 위해서는 우리 삶은 물론이고 정부와 기업도 변화해야 합니다. 그리고 에너지, 물, 식량, 보건, 교육, 소득과 일자리, 평화와 정의, 정치적 발언권, 사회적 공평함, 성평등, 주거, 각종 네트워크 등 우리 삶의 기초를 이루는 것들을 함께 만들어 나가야 합니다.

도넛 경제학,
같이 성장하고 더불어 살자

'1.5도 라이프 스타일'은 지구 평균온도 상승을 1.5도로 제한하기로 한 목표를 위해 소비 총량을 늘리지 않으면서도 시민의 기본적 필요는 충족시키는 생활 방식입니다. 232쪽에서 본 것처럼 1.5도 라이프 스타일은 사람에게 필요한 것은 충족돼야 하지만, 그 이상으로 소비는 지구의 생태 한계 범위 안에서 이뤄져야 한다는 '도넛 경제학' 이론을 지향합니다. 도넛 경제는 더 많은 생산과 소비를 전제로 하는 경제성장의 한계를 인식하고, 경제가 성장하면 불평등이 해결될 것이라는 신화에서 벗어나, 생태적으로 안전하고 정의로운 사회를 만들기 위한 이론과 정책을 의미해요.

도넛 모양에서 바깥 원인 생태적 한계는 모두 아홉 개의 지표로 측정됩니다. 기후변화, 해양 산성화, 화학적 오염, 질소와 인의 축적, 담수 고갈, 토지 개간, 생물다양성 손실, 대기오염, 오존층 파괴가 여기에 해당하죠. 안쪽 원에 있는 사회적 기초는 유엔의 지속가능발전목표(SDG)에서 가져온 것으로 에너지, 물, 식량, 보건, 교육, 소득과 일자리, 평화와 정의, 정치적 발언권, 사회적 공평함, 성평등, 주거, 각종 네트워크입니다. 생태적 한계를 넘지 않으면서도 사회적 기초를 충족할 수 있는 안전하고 정의로운 공간을 찾는 겁니다.

　도넛 모델이 공적 정책 수립에 집중한다면, 1.5도 라이프 스타일은 시민 실천에 초점을 둔 것이라고 보면 됩니다. 1.5도 라이프 스타일은 그중에서도 기후변화라는 생태적 한계를 고려하는 것으로 지구 온도 상승을 1.5도로 제한하기 위해 생활 소비 관점에서 접근해요. 온실가스 배출량을 줄이면서도 사회적 기초를 유지할 수 있도록 하는 실천이라고 할 수 있지요. 1.5도 라이프 스타일은 일상에서 거주하고 소비하고 이동하면서 발생시키는 온실가스를 줄이도록 삶의 방식을 전환하자고 제안합니다. 국가와 기업이 2030년까지 온실가스를 절반으로 줄이고 2050년까지 탄소중립을 달성해야 한다면, 시민 개개인도 1인당 온실가스 배출량을 2030까지 절반으로 줄일 수 있는 라이프 스타일로

바꾸자는 거지요. 물론 이 목표를 달성하기 위해서는

일상의 작은 실천을 넘어 매우 과감하고 획기적인 변

화가 필요합니다.

재생에너지,
기술과 자원도 평등하게

태양광 에너지는 기후위기에 대응하기 위한 핵심적인 재생에너지 자원입니다. 이는 탄소 배출을 줄이고, 에너지 접근성을 확대하며, 지속 가능한 미래를 만드는 데 필수적이죠. 태양은 지구상에서 가장 풍부하고 지속 가능한 에너지 자원입니다. 어디에서나 이용할 수 있다는 점을 고려해 보면 기후위기 대응에 가장 획기적인 에너지 자원이라 할 수 있죠. 기존 화석연료(석탄, 석유, 천연가스) 기반의 전력 생산은 전 세계 온실가스 배출량의 약 25퍼센트를 차지합니다. 태양광 에너지는 전기를 생산할 때 온실가스를 배출하지 않기 때문에 탄소 배출량을 획기적으로 줄일 수 있어요.

독일은 태양광 발전을 통해 연간 약 9000만 톤의 이산화탄소 배출을 감소하고 있습니다. 이는 자동차 약 1900만 대가 배출하는 온실가스와 같은 양입니다.

2022년을 기준으로 중국 역시 태양광 발전을 통해 연간 약 4억 톤의 탄소 배출을 줄였습니다. 만약 사하라 사막에 태양광 발전소를 설치한다면 전 세계 에너지 수요를 모두 충족할 수 있을 정도의 에너지를 얻을 거라고 합니다.

하지만 태양광 에너지의 혜택은 모든 나라가 동등하게 누리지 못하고 있습니다. 부유한 국가는 기술과 자원을 활용해 빠르게 에너지 생산 방법을 전환하고 있지만, 개발도상국은 초기 투자 비용과 인프라 부족으로 어려움을 겪고 있습니다. 에티오피아, 네팔과 같은 최빈국은 태양광 발전소를 설치할 초기 자금과 기술적 인프라가 부족합니다. 또한 일부 지역은 태양광 패널을 수입해야 하는데, 이는 높은 비용과 관세 부담으로 이어져 접근성을 떨어뜨리고 상황을 더욱 어렵게 만듭니다.

현실이 이렇다 보니 잠재적인 태양광 에너지량이 높은 나라에서도 기술과 자금 부족으로 에너지를 활용하지 못합니다. 예를 들어, 사하라사막 주변국은 풍부한 햇빛을 활용하지 못해 값비싼 화석연료에 의존합니다. 재생에너지 도입이 더딘 국가는 에너지 자립을 이루지 못해 해외 화석연료 수입에 의존하며, 이는 경제적 부담을 가중합니다. 재생에너지로 전환하지 못하면 탄소 배출량이 줄어들지 않아 기후변화로 인한 피해가 증가할 수밖에 없죠.

태양광 에너지는 탄소 배출량을 줄이고 전력 접근성을 확대해 기후위기에 대응할 수 있는 이상적인 해법입니다. 하지만 전환 과정에서 발생하는 기술과 자원의 불평등은 기후정의를 방해합니다. 선진국은 기술과 자금을 보유한 만큼, 개발도상국의 전환을 지원함으로써 책임을 다해야 합니다. 그러려면 선진국은 태양광 발전소 설치를 위한 자금을 지원하거나, 저렴한 태양광 패널을 제공하는 시스템을 구축해야 합니다. 단순한 재정 지원을 넘어, 개발도상국 내 기술 역량을 강화해 장기적으로 에너지를 독립하도록 도울 필요가 있습니다. 선진국과 개발도상국, 최빈국 사이의 격차를 줄이는 것이 기후정의를 실현하는 데 있어 중요한 과제가 되고 있습니다.

앞서 화석연료가 결코 저렴한 에너지가 아니라는 것을 알아본 적이 있습니다. 화석연료의 사용으로 사람들이 아프고, 또 사망하기까지 한다면 그야말로 엄청난 사회적 손실이라 할 수 있죠. 그러니 화석연료 사용의 사회적 비용을 반영해 재생에너지 전환을 경제적으로도 유용하다고 판단하면 태양광 에너지를 더 많이 사용할 수 있을 겁니다. 태양광 에너지는 단순한 에너지 전환의 수단을 넘어, 기후위기 해결과 정의로운 세계를 위한 중요한 열쇠입니다. 그러나 이 전환이 모든 나라에서 동등하게 이루어지지 못한다면, 부유한 나라는 더 건강하게 살고 가난한 나라는 기후위기로 인한 재난으로 더 힘들어질 겁니다. 그렇다면 기후위기 해결도 요원하고, 기후정의는 실현될 수 없죠. 각 나라들의 협력으로 태양광 에너지 시스템이 안착되면 화석연료가 사라지고 지구는 좀더 건강해질 겁니다.

기후가 아니라 세상을 바꾸자

이제까지 행복한 결말을 기대하며 여러분과 이야기를 나눴는데, 어떤 생각이 드나요? 여러분의 현재 삶과 미래가 그려지나요? 환경이 내 삶을 바꾸는 이야기를 하다 보면 "이번 생은 망했다(이생망)"는 생각이 들지도 모르겠어요. '어차피 기후위기가 심각해지면 다 죽는 거 아니야?'라는 생각에 우울해졌을 수도 있고요. 하지만 지구를 위기에서 벗어나게 할 수 있는 사람은 바로 여러분입니다. 결국 내가 앞으로 어떻게 생각하고 행동하는지에 따라 기후도 바뀌고 내 삶도 바뀌는 것이니까요.

2024년 9월, 서울 강남 한복판에 모인 2만여 명의 시민들은 "기후가 아니라 세상을 바꾸자"라는 구호를 외치며 기후정의행진을 했어요. 온실가스를 대량으로 배출하면서 이익을 얻고 있는 강남의 대기업들에 기후정의를 요구하기 위해서였습니다. 우리나라에서 기후정의행진은 2019년에 처음 시작되었어요. 2020년과 2021년에는 코로나19 팬데믹 때문에 하지 못했고, 2022년과 2023년에는 서울 시청 등 도심에서 열렸지요. 초기의 기후정의행진이 환경단체들을 중심으로 열렸다면, 뒤로 갈수록 다양한 시민과 어린이·청소년을 포함한 가족 단위 참가자들이 늘었다고 해요. 함께 모여서 구호를 외치고 행진하다 보면 세상을 바꾸고 내 삶을 바꿀 힘과 용기를 얻을 수 있습니다. 하지만 이렇게 얻은 힘과 용기는 시간이 지나면 다시 작아지거나 사라지기 쉽습니다. 그렇다고 매일 집회와 시위에 나갈 수도 없는 일이지요. 앞에서 다룬 전 세계 청소년들의 기후 시위도 월요일부터 목요일까지는 공부하고, 금요일에만 시위를 했잖아요.

이 책을 읽은 여러분은 기후위기를 해결할 수 있는 우리의 일상을 만들기 위해 앞으로 무엇을 공부해야 할지 눈치챘을 거예요. 기후를 바꾸고 세상을 바꾸기 위해서는 정치, 행정, 외교, 법무, 경제, 산업, 노동, 복지, 과학, 건축, 환경, 농업, 문화 등 모든 분야가 노력해야 합니다. 바꾸어 말하면 대통령, 국회의원은 물론 세상 모든 구성원의 생각과 행동이 바뀌어야 한다는 의미이지요. 지금 여러분의 미래는 환경의 영향을 받을 수밖에 없어요. 그렇기 때문에 내가 배우고 실천하면서 환경을 바꾸고 세상을 바꿀 수 있도록 노력해야 합니다.

집과 학교 등 내 주변에서의 작은 실천에서부터 도시든 농촌이든 내가 사는 곳에서 할 수 있고 해야 하는 일을 찾아야 합니다. 그리고 정부와 정책결정권자들에게 세상을 바꾸라고 전 세계 시민들과 함께 요구하는 것도 필수고요. 그래야만 기후 악당에서 벗어나 미래를 좀더 안전하고 살 만한 세상으로 만들 수 있을 테니까요. 저는 여러분이 이러한 지구 시민으로서의 당연한 권리를 누리면서 안전하고 정의로운 지구를 만들어가길 기원합니다. 물론 책임이 있는 어른인 저도 함께하겠습니다. 그리고 이 책이 조금이나마 도움이 되었기를 바랍니다.

마음을 크게, 세상을 크게

클클문고는 1318 청소년을 위한 문학 시리즈입니다.

5·18 민주화운동 40주년 기획 소설
저수지의 아이들

정명섭 지음 | 12,000원

'말'이 '칼'이 되는 순간
취미는 악플, 특기는 막말

김이환·정명섭·정해연·조영주·차무진 지음 | 13,000원

한국전쟁 71주년 기획 소설
1948, 두 친구

정명섭 지음 | 12,000원

성장통 이후에 깨닫는 나다움의 의미
어느 날 문득, 내가 달라졌다

김이환·장아미·정명섭·정해연·조영주 지음 | 13,000원

나를 즐겁게 하는 것들과 나 사이의 적정 거리
자꾸만 끌려!

김이환·장아미·정명섭·정해연·조영주 지음 | 13,000원

너무 힘들 때, 나를 보호해줄 유리가면이 있을까?
유리가면

조영주 지음 | 13,500원

엄마가 좀비가 된다면 어떻게 할래?
엄마는 좀비

차무진 지음 | 13,500원

모두에게 익숙한 소년과 처음 만나는 나 사이
보이 코드

이진·전건우·정해연·조영주·차무진 지음 | 13,500원

개인 맞춤형 메타버스 학교부터 우주 도시의 혼합 학교까지

100년 후 학교

소향·윤자영·이지현·정명섭 지음 | 13,500원

엄마까지 사라져버린 이 세상은 어떻게 돌아가는 거야?

엄마가 죽었다

정해연 지음 | 13,500원

학교의 행복과 우리 모두의 안녕을 묻는 이야기

안녕, 선생님

소향·신조하·윤자영·정명섭 지음 | 13,500원

나쁜 감정을 수거하는 '비밀의 상자'가 있다면?

마음 수거함

장아미 지음 | 13,500원

꿈을 향해 노력하는 우리들을 위한 '나를 믿는 힘'에 관하여

내 인생의 스포트라이트

정명섭·조경아·천지윤·최하나 지음 | 13,500원

1930년대, 신문사 동기였던 시인 백석과 두 친구의 우정 연대기

광화문 3인방

정명섭 지음 | 13,500원

지구멸망 D-9, 희망은 아직 존재한다

나와 판달마루와 돌고래

차무진 지음 | 13,500원

열다섯의 인생을 바꿀 마법 같은 사건과의 만남

점퍼

고정욱 지음 | 13,500원

절교와 따돌림 속에서 찐우정을 찾아가는 십 대들의 눈부신 여정

내 친구는 나르시시스트

조영주 지음 | 14,000원

어쩌다 기후 악당

초판 1쇄 인쇄 2025년 1월 15일
초판 1쇄 발행 2025년 1월 20일

지은이 | 권승문

발행인 | 박재호
주간 | 김선경
편집팀 | 강혜진, 허지희
마케팅팀 | 김용범

디자인 | 석운디자인
표지 일러스트 | 젠틀멜로우
교정교열 | 김선례
종이 | 세종페이퍼
인쇄·제본 | 한영문화사

발행처 | 생각학교
출판신고 | 제25100-2011-000321호
주소 | 서울시 마포구 양화로 156(동교동) LG 팰리스 814호
전화 | 02-334-7932 팩스 | 02-334-7933
전자우편 | 3347932@gmail.com

© 권승문 2025

ISBN 979-11-93811-34-4 (43450)